Das Igel-Buch

Von Ditte und Giovanni Bandini

Deutscher Taschenbuch Verlag

Von Ditte und Giovanni Bandini sind
im Deutschen Taschenbuch Verlag erschienen:
Kleines Lexikon des Aberglaubens (20210)
Kleines Lexikon des Hexenwesens (20290)
Zauber der Liebe (20422)
Who's who im Himmel (32539)

Originalausgabe
November 2001

www.dtv.de

Umschlagkonzept: Balk & Brumshagen
Umschlaggestaltung unter Verwendung von Fotografien von
© Picture Press / Manfred Danegger (oben)
sowie © IFA Bilderteam / Giel (unten)
Satz: Filmsatz Schröter GmbH, München
Gesetzt aus der Adobe Garamond 11/13·
Druck und Bindung: Druckerei C. H. Beck, Nördlingen
Gedruckt auf säurefreiem, chlorfrei gebleichtem Papier
Printed in Germany · ISBN 3-423-20471-0

Für unseren Lieblingsonkel,
Klaus Schröder

Inhalt

Vorwort

Es gibt Tiere, die mag kaum einer. Klapperschlangen oder Taranteln beispielsweise. Über andere kann man geteilter Meinung sein: Kampfhunde und Alligatoren etwa. Und schließlich sind da auch noch die Tiere, die absolut und fast ausnahmslos jeder mag. Und zu diesen gehört glücklicherweise der Igel.

Wir sagen glücklicherweise, weil sich bestimmt viel weniger Menschen für ihn engagieren würden, wenn er nicht so ein liebes, drolliges und kluges Kerlchen wäre. Da hat es die arme Kreuzotter weit schwerer. Sie ist als Maskottchen entschieden weniger beliebt als der Igel, und als herzig kann man sie auch nur mit einigem guten Willen bezeichnen. Aber wir kennen sie nicht und vielleicht tun wir ihr ja unrecht. Den Igel dagegen kennen wir aus eigener Anschauung inzwischen recht gut, und je länger wir ihn kennen, desto mehr mögen wir ihn.

Das ist auch einer der Hauptgründe, warum wir ein Buch über ihn geschrieben haben: Wir möchten ihn allen näher bringen, die den Igel zwar theoretisch nett finden, aber ansonsten nicht viel über ihn wissen und ihn vielleicht aus eigener Anschauung nur totgefahren kennen. Es gibt zwar eine Reihe von Büchern über ihn, die meisten aber befassen sich hauptsächlich mit dem in der heutigen Zeit zugegebenermaßen brennendsten Thema: der Pflege eines kranken oder unterernährten Igels.

Wir klammern diesen Bereich daher weitgehend – wenn auch nicht vollständig – aus und gehen stattdessen den zahlreichen Sagen auf den Grund, die dem Igel im Laufe der Zeit angedichtet wurden und an die zum Teil auch wir Heutigen noch glauben. Wir berichten über das, was man in der Antike und später von ihm dachte, beweisen (das vor allem!) seinen guten Charakter, streuen dazwischen Märchen ein und erzählen von diversen hochliterarischen Igeln ebenso wie von Mecki, Sonic und Co. Und schließlich ziehen sich wie ein roter Faden, oder besser wie Igeltapsen, unsere eigenen diesjährigen Igel durch das Buch: Miss Daisy Wutz, die Schwesterchen Brontë und Harrison Ford, die nicht nur prusten, sich schubsen und sich streiten, sondern auch sonst allerlei Bemerkenswertes anstellen.

Wenn wir »*unsere* Igel« sagen, dann meinen wir natürlich nur diejenigen, die wir über den Winter brachten. Igel sind keine Haustiere und sollen auch keine sein. Aber wer jemals einen Igel betreute, weiß, dass es ohne investierte Gefühle nicht geht. Nur dann lernen wir ein Tier kennen, und nur dann können wir einem kranken Tier wirklich helfen, wenn wir in eine nähere Beziehung zu ihm treten, wenn wir, bildlich gesprochen, seinen Tapsen folgen. Und wenn diese Tapsen im Frühjahr von unserem Haus fortführen, sehen wir es zwar einerseits mit einem weinenden Auge, andererseits aber mit dem Bewusstsein, wieder ein wenig mehr über Igel erfahren zu haben und der Natur ein kleines Stück näher gekommen zu sein.

Wenn dieses Buch dazu beiträgt, auch anderen ein wenig von diesem Bewusstsein zu vermitteln, dann hat es seinen Zweck erfüllt.

Wiesenbach, im Mai 2001

Miss Daisy schmollt

Sie ist nicht dick, bewahre! Wer Daisy sieht, wiegt sie in der Hand und erklärt allenfalls lobend: Stattlicher Igel! Und in jedem Konfektionsgeschäft ginge sie selbstverständlich als vollschlank durch. Schließlich bringt sie nur zwölfhundert Gramm auf die Waage – na ja manchmal, wenn sie der Rappel packt, auch etwas mehr. Aber was ist das schon! Höchstens fünf Päckchen Butter. Ein Klacks also. Kein Grund, sich zu schämen.

Der Meinung ist Miss Daisy inzwischen auch und trägt jedes einzelne Gramm selbstbewusst mit sich herum. Sie macht keinen Bogen um die nahrhaften Erdnüsse, geht Mehlwürmern nicht aus dem Weg und isst überhaupt alles, worauf sie gerade Lust hat. Und man darf ihr sogar über das pralle Bäuchlein streicheln und liebevoll: »Na, Dicke!« sagen, ohne dass sie es in irgendeiner Weise übel vermerkt. Über solche Lügen ist sie längst erhaben, da steht sie drüber – und selbst wenn sie wahr sein sollten.

Das aber war nicht immer so. Es gab eine Zeit, die glücklicherweise weit, weit zurückliegt, also etwa ein Jahr, da war sie, was dieses Thema anging, genauso empfindlich wie Obelix. Damals bestand tatsächlich Anlass zu frotzelnden Bemerkungen, denn sie hatte sich von mageren dreihundert Grämmchen binnen weniger Monate mittels fleißigen Futterns auf das Dreifache hinaufgearbeitet.

Das sind noch nicht einmal *vier* Stück Butter, zugegeben. Aber wer versuchen würde, dieses knappe Kilo in eine Packung zu zwängen, die für höchstens eineinhalb Pfund gedacht ist, der könnte sich eine Vorstellung davon machen, wie Miss Daisy aussah. Sie war ja noch ein Igelteenager, und ihre Körperhülle hatte durchaus eigene Vorstellungen, was das Wachsen anging. Somit blieb einzig der Bauch, der, voll gepfropft mit guten Dingen, waberte und Wellen schlug. Ja, Miss Daisy war in diesen glücklicherweise kurzen grauen Vorzeiten ihres Igellebens fürwahr ein Anblick grässlich und gemein.

So weit, so gut. Wir mögen unsere Igelin, auch wenn sie nicht zu Unrecht den Nachnamen Wutz bekam und unser guter Parkettfußboden im Wohnzimmer einige irreparable dunkle Flecken aufweist. Wir gönnen ihr jeden Bissen, aber eines Tages rutschte einem von uns doch der Ausruf heraus: »Herrje, bist du dick, Mops!« Und was war die Folge? Miss Daisy trollte sich in die Ecke des so genannten Wintergartens – eigentlich eine weitläufige geschlossene Terrasse mit Erdstreifen, vielen Pflanzen und Igelöffnung zu Garten und freiem Feld – in ihren Heukobel, rollte sich zusammen, stellte sämtliche Stacheln kreuz und quer und rührte drei Tage lang kein Futter mehr an. Sie war so beleidigt, dass nicht der kleinste Schlitz in der Stachelkugel blieb, um einen versöhnenden Finger hineinzustecken. Visier runter, Klappe zu. Das hatten wir nun davon. Und wenn sie sich in ihrem Panzer totschwitzte.

Und damit fing es an. Wir wollten es selbst nicht glauben, aber großes Indianerehrenwort: Es *war* so. Bis dahin war sie alle zwei oder drei Tage gewogen worden, woraufhin wir ihr jedes Mal stolz das Ergebnis präsentiert hatten: »Brav, Daisy, wieder dreißig Gramm mehr!« Ab diesem Tag aber, als wir sie des Dickseins bezichtigten, genügte die kleinste Anspielung aufs Zunehmen, und sie rollte sich ein und schmollte eine Runde. Je nachdem ein, zwei oder drei Tage lang. Ließ sich nicht anfassen, fraß nicht und schnarchte auch nicht wie sonst gemütlich vor sich hin.

So lächerlich uns das alles vorkam – wir mussten uns umstellen. Sobald sie wieder gnädig gestimmt war, gingen wir beim abendlichen Wiegen dazu über, Codewörter zu verwenden: »Stell dir vor, Miss Daisy hat tatsächlich schon wieder fünfzig Gramm *abgenommen!*« Und zu ihr: »So ein *dünnes* Igelchen, ein mageres Igelchen, du musst essen, du fällst uns ja noch völlig vom Fleisch!«

Schwierig war allerdings, die genaue Grammzahl an den Aufschreibenden zu vermitteln. Als sie schlief und es also nicht hören konnte, einigten wir uns darauf, immer die Gramm anzugeben, die sie noch von einem Kilo entfernt war. Es hieß also nach dem Wiegen etwa: »Daisy wiegt nur noch sage und schreibe hundertfünfundzwanzig Gramm!«

Das hörte sie gern, damit war sie zufrieden. Und langsam, langsam fasste sie wieder Vertrauen zu unseren Worten und glaubte schließlich auch daran. Sie durfte essen so viel sie wollte und nahm trotzdem ab. Das war nach ihrem Geschmack. Und obwohl sie durch die wiederholten Fastenschmolltage einige Fettwulste losgeworden war, näherte sie sich nach und nach wieder der magischen Tausend-Gramm-Grenze; und als die endlich überschritten war, mussten wir uns wieder etwas Neues einfallen lassen.

Wir erklärten also mit bedenklichem Gesicht: »Oje, unsere Igelin ist nun auf fünfzig Minusgramm zusammengeschrumpft!« Und weil sie zwar eine kluge Igelin ist, das Wort Minusgramm aber in ihrer Jugend nicht verstand und daher leicht argwöhnisch hätte werden können, sagten wir ihr: »*Abgenommen*! Schon wieder hat Miss Daisy Wutz *abgenommen*!«

Das Ganze war auf die Dauer, ehrlich gesagt, ein klein wenig anstrengend für uns. Und schließlich hatten wir die Nase voll. Wir sagten ihr ins Gesicht, dass sie über ein Kilo wiege, ein Mops und ganz schön rundlich sei und dass sie endlich Vernunft annehmen solle. Sie sei eine bildhübsche Igelin und auf ein paar Gramm mehr oder weniger käme es bestimmt nicht an. Aber nein. Sie schmollte, wie erwartet, und richtete es in den folgenden Wochen so ein, dass sie immer dann, wenn sie etwa hundert Gramm über der magischen Grenze lag, ein paar Fastentage einlegte. Und vermutlich hätte sie an diesem

Schlankheitswahn bis auf den heutigen Tag festgehalten, wenn nicht – ja, wenn nicht Sir Gilbert con Pulci auf der Bildfläche erschienen wäre.

Er war etwa halb so groß und schwer wie sie, dafür aber doppelt so energiegeladen. Es hielt ihn auch nur so lange bei uns, bis er wieder zu Kräften gekommen war – aber immerhin lang genug, um Daisy ihre Marotte auszutreiben. Weiß der Himmel, wie er das anstellte, aber fest steht, dass Daisy von einem Tag auf den anderen ihr zickiges Getue sein ließ. Vielleicht machte er ihr ja klar, dass Igelinnen unter tausend Gramm hundsigelig hässlich sind und jede Hoffnung auf Nachwuchs fahren lassen können. Oder so. Jedenfalls, siehe da, sie ließ ihn zwar mehr oder weniger links liegen, fraß sich aber binnen weniger Tage mühelos über die Ein-Kilo-Hürde – und hat sie bis zu ihrem Auszug auch nie wieder unterschritten.

Sir Gilbert ging seiner Wege, Miss Daisy auch. Im Herbst aber war sie eines schönen Tages wieder da. Nun wohnt sie in ihrem Steinhäuschen, bis es draußen wieder warm und gemütlich wird. Sie frisst und schläft und schnarcht wie ehedem – nur schmollen tut sie nicht mehr.

* * *

Wer selbst noch keinen Igel in Pflege hatte, wird hier sicher protestieren und sagen: So ein Blödsinn, Igel können nicht schmollen! Alles reine Projektion. Vermenschlichung … Von wegen! Erstens sind wir beide Wissenschaftler, komplett mit Dr. und allem, und schon allein deshalb der Wahrheit verpflichtet. Zweitens sind wir zu zweit. Hätte also der eine Schmollfantasien, würde es der andere merken und ihn ganz gewiss auf den Boden der Tatsachen zurückholen. Und wir haben *beide* unsere Igelin schmollen sehen. Drittens haben wir einen Graupapagei (Bärchen Pekakk), der ebenfalls ausgezeichnet zu schmollen versteht; und viertens haben wir Kaninchen, ein böses (Minchen) und ein gutes (Rosi), die nie schmollen, weil sie zwar niedlich, aber von recht kurzem Verstand sind. Wir wissen also, wie Tiere aussehen und sich benehmen, wenn sie schmollen (beziehungsweise *nicht* schmollen).

Und wem all diese Argumente immer noch nicht genügen, den überzeugen wir mit den Erfahrungen anderer Igelbetreuer, die uns mit ihrem geschriebenen Wort Schützenhilfe leisten. Da gab es also etwa eine Igelin namens Susi, die, weil leider praktisch völlig zahnlos, nicht mehr in die Freiheit entlassen werden konnte. Sie wohnte im Haus, schlief nach dem Abendessen hinter der Sofaecke, liebte die Hand, die ihr das leckere Breichen gab, und wollte regelmäßig ihre Streicheleinheiten. Hatte ihre Ersatzmama aber mal keine Zeit für sie, dann »maulte« Susi.

»Kamen wir ausnahmsweise mal einen Abend später nach Hause als gewohnt, saß sie zwar hinter der Tür, auf uns wartend, bei unserem Eintreten aber drehte sie sich um und lief schnell in ihr Häuschen. Sie ließ sich dann nicht anfassen, rollte sich fest ein, und es dauerte mitunter zwei Stunden, bis sie gnädigst wieder ihre Stacheln anlegte.«

So, das ist ja wohl eine klare und eindeutige Bestätigung unserer Behauptung, dass Igel motzen können. Weitere Belege erübrigen sich. Und warum, bitte schön, sollten Igel auch *nicht* imstande sein zu maulen? Schließlich gibt es sie (wie die meisten Tiere außer dem Schaf Dolly) die Kleinigkeit von etlichen Millionen Jahren länger als uns Menschen, da hatten sie Muße genug, es zu üben.

Wir dagegen haben in unserer kurzen Entwicklungszeit zwar ebenfalls prächtig schmollen gelernt, über den Igel haben wir in den einigen hunderttausend Jahren, die wir nun mit ihm zusammenleben, aber nicht eben viel herausgebracht. Man könnte geradezu sagen, wir haben uns bis in die jüngste

Vergangenheit mächtig viel Unsinn über ihn zusammengedacht! Den Igeln hätte es ja an und für sich egal sein können, wie herzlich dumm wir Menschen sind, wenn sie nicht (wie man noch hören wird) mehr oder weniger unangenehm davon betroffen gewesen wären. Denn nicht jeder Unsinn über Igel war so nett und harmlos wie Christian Morgensterns tiefsinnige Verse über »Igel und Agel«:

Ein Igel saß auf einem Stein
und blies auf einem Stachel sein
Schalmeiala, schmalmeialü!
Da kam sein Feinslieb Agel
und tat ihm schnigel schnagel
zu seinen Melodein
Schnigula schnagula
schnaguleia lü!

Das Tier verblies sein Flötenhemd …
»Wie siehst du aus so furchtbar fremd!?!«
Schalmeiala, schalmeialü.
Feins Agel ging zum Nachbar, ach!
Den Igel aber hat der Bach
zum Weiher fortgeschwemmt.
Wigula wagula
waguleia wü
tü tü …

Vogel oder Kriechtier?

»So, der Igel ist eines der ältesten Säugetiere, die es gibt. Trotzdem habe ich neulich mal einen ganz jungen gesehen«, sagt Heinz Erhardt. Das mit dem »alt« stimmt, aber ist der Igel tatsächlich ein Säugetier?

Die Bibel hat bekanntlich immer Recht, und bei Luther steht geschrieben, der Igel werde in dem verwüsteten Babel »nisten und legen, brüten und ausheggen unter irem Schatten«, und ein Stückchen weiter, nämlich bei Zephanias, heißt es, auf den Türmen einer weiteren verödeten Gegend würden Rohrdommeln und Igel wohnen. In einer anderen Übersetzung ist die Rohrdommel aus unerfindlichen Gründen durch den Pelikan ersetzt. Und der wohnt jetzt also zusammen mit dem Igel auf dem Turm. Damit ist die Sache klar: Wir haben es beim Igel mit einem auf Türmen wohnenden Wasservogel zu tun. Freund der Pelikane und Rohrdommeln.

Dass es sich bei Igeln um Vögel handelt, stimmt prächtig mit einer Information überein, die arabische Autoren seit dem neunten Jahrhundert immer und immer wieder in ihren Büchern festhielten: Igel haben nicht nur genau fünf Zähne, sie legen auch fünf Eier, die nicht hart sind, sondern eher fleischig und wie Fett aussehen. Weiter wussten die Araber zu berichten, dass nur das Weibchen brütet!

Andererseits zählt Moses den Igel in einem Atemzug mit den anderen unreinen Kriechern wie Kröte, Molch, Blindschleiche und Maulwurf auf; und erwähnen besagte arabische Gelehrte den Igel zusammen mit dem Gecko, der Schildkröte und dem Chamäleon. Was ist nun davon wohl zu halten?

Zoologisch bewandertere Bibelübersetzer machten aus dem Igel eine Eule, ohne jedoch weiter darüber nachzudenken, wie die ihrerseits zum Pelikan oder zur Rohrdommel passen sollte. Die Klügsten vermieden es überhaupt, das betreffende Wort zu übersetzen. Auch die Araber hätten besser daran getan, den Igel Igel sein zu lassen. Sie hatten die Sache mit den fünf Eiern und den fünf Zähnen zwar von Aristoteles – der allerdings sprach dabei von den *See*igeln. Solch geringfügige Unterschiede spielten für die Übersetzer allerdings keine Rolle: Igel ist Igel. Basta.

Kurz, es ist hier kein Durchkommen, und wir verlassen uns doch lieber auf die Zoologen, die den Igel ein für allemal als Säugetier identifiziert haben. Und damit drei Punkte für Heinz Erhardt und keinen für die Bibel (und die arabischen Autoren).

Der Igel als solcher ist auch tatsächlich eines der ältesten Säugetiere, denn nachweislich existierte er bereits vor etwa 50 Millionen Jahren. Wir geben allerdings nicht viel auf solche Angaben und können darüber, dass unser hiesiger, europäischer Igel mit nur 15 Millionen Jährchen noch ein rechtes Greenhorn sein soll, auch nur müde lächeln. Denn die Rumänen – und nicht nur sie – wissen, dass es ihn schon gab, bevor Gott die Berge und Täler schuf, und *das* dürfte denn doch ein klein bisschen früher gewesen sein.

Als Gott den Erdenball fertig hatte, war ein bisschen Erde übrig geblieben. Er kratzte sich am Kopf und wusste nicht, was er damit anfangen sollte. Und weil er sie nicht einfach auf den Müll werfen wollte, schickte er die Biene zum Igel, um sich bei ihm einen Rat zu holen. Der aber hatte grade was anderes zu tun, war in eiligen Geschäften unterwegs und gab keine Antwort.

Die Biene, nicht dumm, versteckte sich in seiner Nähe und hörte, wie er vor sich hinbrummelte: »Tss tss, offenbar weiß Gott nicht, dass er daraus Berge und Täler machen kann.« Die Biene flog unverzüglich zu Gott und brachte ihn auf die großartige Idee, Berge und Täler aus dem Restlehm zu formen. Gott freute sich und wollte dem Bienchen zum Dank einen Wunsch erfüllen. Frech wünschte es sich: »Wen ich steche, der soll sterben.« Gott aber gefiel das nicht; er bestimmte vielmehr, dass die Biene durch den eigenen Stich *selbst* sterben sollte. Und so ist's noch heute.

Als Belohnung für seinen weisen Rat hätte der Igel seinerseits für sich wenigstens den lateinischen Namen *Bombinus bombus* beanspruchen und direkt patentieren lassen sollen; dann hätte ihn nicht viel, viel später irgend so ein Ignorant der Hummel verpasst. Für den armen, bescheidenen, brummelnden Igel blieb also nur die ausgesprochen unkleidsame Bezeichnung *Erinaceus* übrig, die – gut und schön – etwas mit seinen Stacheln zu tun hat, ihm aber ansonsten nun wirklich nicht gerecht wird. Wem würde beim Anblick eines niedlichen, dicken Igels nicht viel natürlicher: »Schau, da läuft wieder ein Bombinus bombus durch unseren Garten!« über die Lippen kommen als: »Sieh dort im Gras, ein Erinaceus europaeus!«

Das *europaeus* bräuchte man in unseren Breiten übrigens nicht unbedingt hinzuzufügen, denn in Deutschland gibt es eigentlich nur den einen, den Braunbrustigel. Der andere, der Weißbrustigel (*Erinaceus concolor*), ist in Deutschland mehr oder weniger ausgestorben. Wir drücken uns hier mit »eigentlichs« und »mehr oder wenigers« herum, denn so ganz klar ist die Gliederung in eigene Arten und das mit dem Aussterben nicht – und die Wissenschaft ist sich hierin wie in fast allem anderen auch nicht einig.

Einst wurde es bei uns nämlich ziemlich kalt. Eine gewaltige Masse Eis schob sich ins Land und schubste unter anderem auch die Igel, die bis dahin brüderlich zusammengelebt hatten und hübsch gleich ausschauten, rücksichtslos auseinander: Die einen nach Westen, die anderen nach Osten. In den vielen langen Jahren, die folgten, wurden die im Westen auf dem Bauch oder der Brust immer brauner, die im Osten immer weißer.

Dann schmolz das Eis und Westigel und Ostigel rückten wieder nahe zusammen. Irgendwie kommt einem diese Geschichte bekannt vor, nicht? Jedenfalls, im Falle der Igel bildet die Oder eine natürliche Scheidelinie. Nun schafften aber Urlauber (wie Urlauber so sind) oder Landwirte mit Heuwagen unbemerkt Weißbrustigel über die Oder und damit in den Westen. Umgekehrt gelangten Braunbrustigel auf die gleiche oder andere Weise nach Osten. Und so ist zwischen Ost- und Westigel (und ihren spanischen, italienischen, kretischen und anderen Brüdern und Schwestern aus Ost, Süd und West) nicht mehr klar zu trennen. Und das ist unserer Ansicht nach auch gut so.

Außerdem vereinten die Zoologen alle diese Arten und Unterarten unter der Gattung der Kleinohrigel. Endlich einmal eine leicht fassliche und überprüfbare Angabe: Sie alle haben also kleine Öhrchen. Aha. Wie kommt es dann aber, bitte schön, dass zu diesen Igeln mit den hübschen, kleinen Ohren (wenigstens laut Grzimek) auch die algerischen Igel zählen, deren untrügliches Merkmal große, lange Ohren sind? Warum zählen die nicht zu den Langohrigeln, die es ebenfalls gibt? Oder zu den Wüstenigeln, von denen auch welche in Algerien vorkommen und die ebenfalls hässlich lange Ohren haben?

Wir sind einigermaßen ratlos, übergehen dieses Problem stillschweigend und halten uns lieber an die nächsthöhere Auskunft, dass nämlich alle Genannten, ob kurz- oder langohrig, zu den echten Igeln gehören. Unechte gibt es nämlich auch. Das sind (neben Seeigeln, Schokoladenigeln und Esskastanien) die Armen, die bei der Schöpfung zu kurz kamen und statt Stacheln Haare oder Borsten abbekamen. Weshalb sie nun Haar- oder Borstenigel heißen. Man könnte sich fragen, warum sie dann überhaupt als Igel bezeichnet werden und nicht viel treffender als Goldmulle oder Reiswühler, Langhaarringbeutler oder Tanrek. Aber wir sind keine Zoologen und hoffen, *die* haben das etwas gründlicher durchdacht als die Sache mit den langohrigen algerischen Kleinohrigeln.

Lassen wir diese Spitzfindigkeiten und das kleinkrämerische Auseinanderdividieren in Arten, Gattungen und Familien und sagen wir einfach, dass die Igel, echte wie unechte, samt Tanreks, Goldmullen, Ringbeutlern und Reiswühlern – und übrigens auch den Spitzmäusen und Maulwürfen – zu den Insektenfressern gehören. Damit sind die Igel nun endlich, endlich eindeutig klassifiziert. Oder doch nicht? Fressen Vögel und Kriechtiere vielleicht *keine* Insekten?

Womit wir wieder bei der Bibel angelangt wären. Hat sie also etwa *doch* Recht …?

Saurüssel und Hundeschnauze

Was der Zoologe behauptet und was der Landmann weiß, sind zwei verschiedene Paar Stiefel. Der eine bröselt in seinem Labor vor sich hin, zerlegt ein Igelskelett, wäscht sich anschließend die Hände und verkündet, die Maßverhältnisse des Oberkieferknochens bewiesen eindeutig, dass es sich um einen *Erinaceus europaeus roumanicus* gehandelt habe.

Mit solchen Spitzfindigkeiten hatte der bodenständige Landbewohner früherer Zeiten nichts im Sinn. Er betrachtete sich die *lebenden* Igel, und zwar vornehmlich aus einem recht prosaischen Grund. Und was er da sah, drückte er vor ein paar Jahrhunderten in etwas anderer Rechtschreibung, aber im Wesentlichen so aus:

»Zweierlei Geschlecht des Igels werden zu unseren Zeiten gefunden: der ein hat ein Rüssel gleich einer Sau, wird genannt auf Deutsch Sauigel. Der ander aber hat eine Schnauze wie ein Hund, wird aus der Ursach genannt Hundsigel.«

Wie man sieht, waren die kleinen oder großen Öhrchen oder der weiße oder braune Bauch völlig uninteressant. Was zählte, war die Schnauze. Die entschied nämlich über die wesentliche Frage, ob der Igel schmeckte oder nicht. Hundsigel gehörten zur Kategorie der ungenießbaren Tiere. Die Bauern in der Wetterau erzählten noch vor gar nicht langer Zeit mit Abscheu von den Franzosen, die, man denke sich!, sogar Hundsigel am Spieß gebraten hätten!

Jaja, auch die heilige Hildegard trug ihren Teil zu dieser immens wichtigen Unterscheidung bei. Sie erklärte, Schweineigel seien unrein, ähnelten einem Schwein, seien allerdings immerhin reiner als Schweine, weil sie nämlich ihre Unreinheit in die Stacheln ziehen könnten (Schweine offenbar nicht).

Und wer einen solchen Igel essen wolle, solle ihn kochen und mit einer Soße aus Zimt, Bertram, Bibernell und Wein übergießen.

Tragen wir ihr diesen letzten Satz nicht nach, denn er erklärt sich aus der Zeit, in der sie lebte.

Aber was hat es denn nun mit diesen Hunds- und Schweineigeln auf sich, von denen angeblich der eine ungenießbar ist und der andere lecker schmeckt? Über diese Frage haben sich nicht wenige den Kopf zerbrochen. Dann allerdings wurden sie, wie der Tierfreund Alfred Brehm aus eigener Erfahrung weiß, »regelmäßig mit geheimnisvollen Bemerkungen abgespeist, aus denen, trotz aller Bemühungen kein Sinn zu entnehmen ist«.

Also haben sich die Igelforscher ihre eigenen Erklärungen zurechtgezimmert. Die einen sagen: »Klar doch, wenn der Igel eilig marschiert, streckt er sein Schnäuzchen in die Luft, macht es lang und sieht dann aus wie ein magerer Hundsigel. Trottelt er dagegen gemütlich vor sich hin, ist satt und zufrieden, wühlt mal hier und schnuffelt mal da, hat er ein rundes Gesicht wie ein kleines dickes Schweinchen«.

Die Verfechter einer anderen Theorie wissen, dass der Winterschlaf an allem schuld ist. Ein nach sechs Monaten Schlaf aus seinem Haufen gekrochener Igel ist dermaßen abgemagert, dass er eine spitze Schnauze wie ein Hund hat. Voilà: der Hundsigel. Ein Igel im Herbst, der sich den Sommer über den Bauch mit leckeren Würmern voll stopfen konnte, sieht dagegen einem Schweinchen zum Verwechseln ähnlich.

Wir geben beiden Theorien Recht. Wir haben sie an unseren eigenen Igelgästen überprüft. Die Schwesterchen Brontë – Anne, Emily und Charlotte – waren hundsigelig spitznäsig, als wir sie bekamen. Jetzt sind sie kleine dicke Schweinchen. Und wenn Daisy Wutz es eilig hat, weil sie eine der Kleinen aus ihrem Steinhäuschen rempeln muss, dann hat sie wahrhaft eine hässliche spitze Nase. Auch als sie aus ihrem nur zweimonatigen Winterschlaf auferstand, war sie kaum wiederzuerkennen. Und Sir Gilbert con Pulci erst, den wir im letztjährigen Februar im Vorgarten aufsammelten …

Aber! Und das scheint uns wirklich erstaunlich. Haben denn Landmänner und Landfrauen, die seit Jahrhunderten mit den Igeln auf Du und Du lebten, nicht mitbekommen, wie sich die Angelegenheit tatsächlich verhielt? Wie konnte sich dieser Irrglaube so lange Zeit so hartnäckig halten? Wenn wir heutzutage so etwas nicht wissen, ist es verständlich. Wie viele von uns haben Igel denn schon live erlebt?

In Zeiten, da die Hühner im Wohnzimmer auf der Stange schliefen, die Ziege unter und der Hund auf dem Bett, und ländlich wirklich ländlich war, da war das aber doch etwas ganz anderes. Und da sah niemand unseren Igel forsch mit erhobenem Hundeschnäuzchen zur Katzenschüssel traben und anschließend, satt und zufrieden, mit Schweineschnäuzchen wieder den Nachhauseweg antreten? Oder sagte sich der Bauer auf seinem Hausbänkchen vielleicht: »Schau schau, ein ungenießbarer Hundsigel geht gerade zum Katzenschüsselchen … Soso, nun kommt ein leckerer Schweineigel zurück«, schmauchte gemütlich sein Pfeifchen weiter, und das war's?

Ehrlich, uns ist das völlig schleierhaft.

Hase und Igel

Es war ein wundervoller Sonntagmorgen im Sommer, just als der Buchweizen blühte. Die Sonne war golden am Himmel aufgegangen. Der Wind strich warm über die Stoppelfelder, die Lerchen sangen in der Luft, und die Bienen summten im Buchweizen. Die Leute gingen in ihren Sonntagskleidern zur Kirche, die Welt war vergnügt und der Schweineigel auch.

Der Schweineigel stand mit verschränkten Armen vor seiner Tür, hielt die Nase in den Wind und trällerte ein kleines Liedchen vor sich hin, so gut oder so schlecht, wie ein Schweineigel am Sonntagmorgen eben zu singen pflegt. Während er nun noch halblaut vor sich hin summte, fiel ihm

auf einmal ein, er könnte, während seine Frau die Kinder wusch und anzog, ein bisschen aufs Feld raus und nachschauen, wie seine Steckrüben stünden. Die Steckrüben wuchsen nahe bei seinem Haus, und da er mit seiner Familie gerne davon aß, betrachtete er sie als seine.

Gesagt, getan. Der Schweineigel machte die Haustür hinter sich zu und schlug den Weg zu den Feldern ein. Er war noch nicht weit gegangen und wollte gerade bei dem Schlehbusch zum Steckrübenfeld einbiegen, als ihm der Hase begegnete, der in ähnlichen Geschäften unterwegs war, nämlich um seinen Kohl zu begutachten. Als der Schweineigel den Hasen sah, wünschte er ihm freundlich einen guten Morgen. Der Hase aber, der auf seine Weise ein vornehmer Herr war und furchtbar hochnäsig obendrein, erwiderte den Gruß des Schweineigels nicht, sondern setzte eine gewaltig höhnische Miene auf und sagte zu ihm: »Wie kommt es denn, dass du so früh am Morgen zum Feld läufst?« »Ich geh spa-

zieren«, sagte der Schweineigel. »Spazieren?« lachte der Hase, »ich denke, du kannst mit deinen Beinen wohl was Besseres anfangen.« Diese Antwort verdross den Schweineigel über die Maßen; denn alles konnte er vertragen, aber auf seine Beine ließ er nichts kommen, eben weil sie von Natur aus schief waren.

»Du bildest dir wohl ein«, sagte nun der Schweineigel zum Hasen, »dass du mit deinen Beinen mehr ausrichten kannst?«

»Denk schon«, sagte der Hase. »Das kommt auf einen Versuch an«, meinte der Schweineigel dagegen, »wenn wir um die Wette laufen, mein Wort darauf, lauf ich an dir vorbei.« »Haha, du mit deinen krummen Beinen«, sagte der Hase, »aber meinetwegen, wenn's dir Spaß macht. Um was wetten wir?« »Ein Goldstück und 'ne Buddel Branntwein«, sagte der Schweineigel. »Angenommen, schlag ein, und dann kann es gleich losgehn.« »Na, so eilig ist es nicht, ich bin noch ganz nüchtern«, meinte der Schweineigel, »erst will ich mal ein bisschen frühstücken. In einer halben Stunde bin ich wieder hier.«

Damit ging der Schweineigel seiner Wege, denn der Hase war einverstanden. Unterwegs dachte der Schweineigel bei sich: »Der Hase verlässt sich auf seine langen Beine, aber ich werde ihn schon kriegen. Er ist zwar ein vornehmer Herr, aber man bloß ein dummer Kerl und bezahlen soll er doch.« Wie

nun der Schweineigel zu Hause ankam, sagte er zu seiner Frau: »Frau, zieh dich schnell an, du musst mit mir aufs Feld raus.«

»Was gibt's denn?« fragte seine Frau. »Ich hab mit dem Hasen um ein Goldstück und 'ne Buddel Branntwein gewettet. Ich will mit ihm um die Wette laufen, und da sollst du dabei sein.« »Ach mein Gott, Mann«, fing da die Schweineigelin an zu schreien, »bist du noch ganz dicht? Wie kannst du mit dem Hasen um die Wette laufen wollen?« »Halt's Maul, Alte«, sagte der Schweineigel, »das ist meine Sache. Misch dich nicht in Männergeschäfte. Marsch, zieh dich an und komm mit.« Was sollte die Schweineigelin da machen? Sie musste wohl oder übel gehorchen.

Unterwegs erklärte der Schweineigel seiner Frau: »Nu pass mal auf, was ich dir sagen will. Siehst du, da auf dem langen Acker wollen wir unseren Wettlauf machen. Der Hase läuft in der einen Furche und ich in der anderen. Wir fangen von oben an zu laufen. Nun hast du weiter nichts zu tun, als dich hier unten in die Furche zu stellen, und wenn der Hase in der anderen angerannt kommt, ihm zuzurufen: ›Ick bün all hier!‹«, was so viel bedeutet wie: Ich bin schon da!

Damit waren sie beim Acker angekommen. Der Schweineigel wies seiner Frau ihren Platz an und lief selbst ans andere Ende, wo der Hase schon auf ihn wartete. »Kann's losgehen?«, fragte der Hase. »Jawohl«, sagte der Schweineigel. »Denn man to!« Jeder stellte sich in seine Furche. Der Hase zählte: »Eins, zwei, drei«, und rannte los wie ein Sturmwind. Der Schweineigel aber lief drei Schrittchen, dann duckte er sich in seine Furche und blieb ruhig sitzen.

Als nun der Hase im vollen Lauf am Ziel anlangte, rief ihm die Schweineigelin entgegen: »Ick bün all hier.« Der Hase stutzte und wunderte sich nicht wenig. Er dachte, es sei der Schweineigel, der ihm das zurief. Denn bekanntlich sieht dem Schweineigel seine Frau genauso aus wie ihr Mann. Der Hase aber meinte, das ginge nicht mit rechten Dingen zu. Er rief: »Wir laufen noch mal zurück!« Und wieder rannte er los wie der Sturmwind, dass ihm die Ohren nur so um den Kopf flogen. Die Schweineigelin aber blieb ruhig an ihrem Platz sitzen.

Als nun der Hase oben ankam, rief ihm der Schweineigel entgegen: »Ick bün all hier!« Und der Hase, völlig außer sich vor Wut, brüllte: »Noch mal laufen, wieder zurück!« »Soll mir recht sein«, antwortete der Schweineigel, »meinetwegen so oft, wie du willst.«

So lief der Hase noch dreiundsiebzigmal, und jedes Mal, wenn er unten oder oben ankam, rief der Schweineigel oder seine Frau: »Ick bün all hier.«

Beim vierundsiebzigsten Mal aber kam der Hase nicht mehr an. Mitten auf dem Feld stürzte er zu Boden, das Blut flog ihm um den Hals, und er blieb tot liegen. Der Schweineigel aber nahm sein gewonnenes Goldstück und seine Buddel Branntwein, rief seine Frau, und beide gingen vergnügt zusammen nach Hause. Und wenn sie nicht gestorben sind, dann leben sie noch heute.

Viele natürliche Dornen auf der Haut – von Galionsfiguren und Igelmützen

Daisy Wutz und die drei kleinen Schwestern Brontë schlafen zusammengeknäuelt in ihren jeweiligen Heuhaufen. Wenn sie aber die Geschichte vom Hasen und vom Igel gehört hätten, wären sie über die krummen Beine, die in diesem Märchen eine so zentrale Rolle spielen, sicher höchst entrüstet gewesen. *Kurz* sind sie vielleicht, aber nicht krumm und schon gar nicht schief. Sie sehen unter manchen Umständen ein wenig lächerlich aus, zugegeben – aber nur dann, wenn sie ganz und gar und in voller Länge sichtbar sind.

Das ist aber wirklich ausschließlich dann der Fall, wenn die Igelchen wie kleine platte Flundern gemütlich auf dem Bauch liegen und alle viere von sich strecken. Dann erinnern die Beinchen ein bisschen – aber wirklich nur ein *ganz* klein wenig – an Froschschenkel (Verzeihung, aber sie hören es ja nicht). So hat der Hase aber bestimmt noch nie einen Igel liegen sehen, kann es also auch nicht wissen. Wir haben nichts gegen ihn, aber er ist nun mal längst nicht so niedlich wie ein Kaninchen – von Igeln ganz zu schweigen.

Und außerdem: Wie will denn der Hase den Igel überhaupt gut kennen, wenn er in der Regel tagsüber, der Igel dagegen nachts herumläuft? Aber sei's drum. Schieben wir dieses unwichtige Detail auf die dichterische Freiheit. Und die hat Buxtehude, in dem die ganze Geschichte angeblich spielte, nicht wenig Ruhm eingebracht. In diesem hübschen niedersächsischen Städtchen gibt es eine »Wettlopstraße« und einen »Has-und-Igel-Brunnen«, und an den wichtigsten Zufahrtsstraßen sieht man den Igel, der »Ich bin schon da« ruft.

Eine Verbindung zwischen Hase und Igel sahen allerdings nicht nur die Deutschen, sondern lange vor ihnen auch die alten Ägypter, später die Griechen und Römer, die Hase und Igel zusammen mit anderen Tieren auf Wandbildern, auf Amphoren und anderen Gefäßen abbildeten. Mit einer alten Fassung unserer Geschichte hat das allerdings nichts zu tun, selbst wenn auf einem Wandbild in einem ägyptischen Grab vor einem dicken, gemütlich einhergehenden Igel ein in großen Sprüngen galoppierender Hase zu sehen ist. Soo ungewöhnlich ist die Kombination schließlich nicht, bewohnen doch beide im Wesentlichen ein und denselben Lebensraum.

Seltsam mutet trotzdem vielleicht an, dass ausgerechnet eine Grabwand mit ihnen geschmückt wurde. Und nicht nur sie. Wir freuen uns sehr festzustellen, dass der Igel bei den Ägyptern und auch den Griechen ein ausgesprochen beliebtes Motiv, ja, sozusagen der Renner unter den Kleintieren war. Sie malten ihn nicht nur auf Krüge, Schüsseln, Salbtöpfe, Friese und anderes mehr, sie töpferten auch jede Menge Igelgefäße. Sie trugen Amulettigel bei sich und stellten Igelsiegel und Igelförmchen mit eingeprägten Igelfamilien für Opferkuchen her. Und schließlich benutzten die Ägypter den Igel sogar als Galionsfigur für ihre Nilschiffe.

Das ist natürlich sehr löblich. Es stellt sich jedoch die Frage, ob hier tatsächlich nur Liebe zu den kleinen gemütlichen Gesellen dahinter steckt, wie manche Gelehrte glauben, oder aber etwas anderes. Man ist sich in diesem Punkt, wie überhaupt in den meisten Dingen, die den Igel betreffen, keineswegs einig.

Die einen behaupten, der Igel diene, weil handlich klein, oft einfach als Füllsel, also um einen leeren Fleck in einem Bild zu vermeiden. Die anderen meinen, der Igel zeige, dass die Handlung eines Bildes auf dem Land spiele, dort, wo es eben Igel, Hasen, Skorpione und derlei Viehzeugs mehr gibt.

Dann sind da noch jene, die gar aus dem Bauch heraus wissen wollen, der Igel sei als schlechtes Vorzeichen auf die Bilder geraten. Gut, dass wir nicht die Einzigen sind, die das nicht glauben mögen. »Unsinn«, wird diesen Forschern nämlich entgegnet: »Der Igel war ein Haustier, ein sehr beliebtes sogar, weil er Mäuse und Schlangen vertilgte. Kein Wunder also, dass man ihn so oft malte, formte und eingravierte.«

Auf die Mäuse und Schlangen kommen wir noch zu sprechen, aber die Sache mit dem Haustier ist nachvollziehbar.

Dennoch sind wir mit den meisten Forschern einer Meinung, die da glauben, das könne nicht alles sein. Sie fangen, wenn man so möchte, an der Basis des Igels an und fragen: Was zeichnet ihn vor fast allen anderen Tieren aus? Nein, nicht, dass er fünf Beine hat, wie noch im 15. Jahrhundert der Araber Al-Ibishi behauptete, oder zwei »Afterfenster«, wie man bei uns noch vor gar nicht langer Zeit glaubte. Das Besondere an ihm ist vielmehr, dass er stachlig ist, oder, wie es ein deutscher Gelehrter im vierzehnten Jahrhundert ausdrückte, »viel natürliche Dornen auf seiner Haut« hat. Genauer gesagt, in reifem Alter so etwa siebentausend davon.

Darüber, wie gerade er zu diesem Privileg kam, gehen bei den verschiedenen Völkern dieser Welt die Meinungen auseinander.

Der liebe Gott der Letten hatte sich die Größe der Erde nicht so genau überlegt, und als er sie ins Himmelsgewölbe einpassen wollte, Mist, da war sie zu breit. In dem Augenblick kam zufällig der Igel vorbei, grüßte und fragte, was für ein Problem es gebe. Der liebe Gott antwortete ihm, die Erde sei nun zwar fertig, aber man kriege sie nicht unter die Rundung des Himmels und davon etwas abschneiden ginge auch nicht an. »Kleinigkeit«, sagte der Igel, »drück sie einfach etwas zusammen.« »Genial«, meinte der liebe Gott der Letten und tat, wie der Igel ihn geheißen hatte. Und so haben wir jetzt Berge und Täler. Als Dank für seinen klugen Rat aber erhielt der Igel seine Stacheln.

Das mit den Bergen und Tälern hatten wir ja schon mal. Diese wichtige Information wurde, wie wir uns erinnern, auch den Rumänen übermittelt. Da muss sie ja stimmen.

In Estland dagegen weiß man, dass es der dortige Kulturheros, Kalewipoeg, war, der den Igel mit einem Stachelkleid belohnte. Er war nämlich ureinstmals zu unbekannten Zwecken unterwegs und trug dabei, wie man das als Held halt so tut, fünf Dutzend zugesägte Bretter auf dem Rücken. Irgendwann kam er an einen Fluss.

Weil das Wasser ziemlich tief war, und er keine Lust hatte hindurchzuwaten, füllte er sich zuvor die Hosentaschen mit Sand, um sich eine Brücke zu bauen. Kaum hatte er aber seine eine Hosentasche in den Fluß geleert, da stand plötzlich der Teufel vor ihm und untersagte ihm ohne Angabe von Gründen, auch den übrigen Sand ins Wasser zu kippen.

Kalewipoeg hatte genügend Munition bei sich, so dass er sich nichts gefallen lassen musste. Er nahm ein Brett nach dem anderen vom Rücken und prügelte damit auf den Teufel ein.

Trotzdem war er drauf und dran, den Kampf zu verlieren, weil die Bretter durchbrachen, wenn er zuschlug. Da rief ihm der Igel, der das Ganze interessiert beobachtet hatte, zu: »Schlag mit der Kante!«

Das war's! Kalewipoegs Bretter brachen nicht mehr durch, und der Teufel wurde in die Flucht geschlagen. Als er fort war, sah sich unser Held nach seinem kleinen Retter um, da er sich bei ihm bedanken wollte. Der aber hatte sich im Gebüsch versteckt. »Ich bin ganz nackt«, sagte er voller Scham, als er gerufen wurde. Da versprach ihm Kalewipoeg ein Stückchen von seinem Pelz. Der Igel zeigte sich und erhielt das versprochene Geschenk. Der Pelz war gut, aber, wie es am Ende der Geschichte heißt »mit etwas zu rauer Wolle«.

Die ein wenig weiter südlich und westlich angesiedelten Katalanen dagegen erzählten sich, dass der Urigel sich in Pech und stacheligen Kräutern wälzte, um einer Katze gewachsen zu sein. Die hatte nämlich urplötzlich, aus nicht näher erläuterten Gründen, ihre freundschaftliche Haltung aufgegeben und sich beim Scherenschleifer Krallen und Zähne schärfen lassen.

Und bei den australischen Aranda wurde der Urigel für irgendein schlimmes Vergehen gar mit Speeren gespickt.

Doch unser hiesiger Igel ist brav, und deshalb halten wir es eher mit den Letten, Esten und Katalanen. Ja, und mit den Kirgisen und Tataren, die jeweils eigene, ebenso nette Sagen über den Ursprung der Stacheln kennen. Da sie uns ebenfalls gefielen, haben wir sie an anderer Stelle in dieses Buch aufgenommen.

Auf welche Weise der Igel aber auch immer zu seinen Stacheln kam, jedenfalls hat er sie jetzt – und sie sorgen seit zig Millionen von Jahren prächtig dafür, dass er die meisten Widrigkeiten mehr oder weniger unbeschadet übersteht.

Aber die Stacheln allein genügen dafür noch nicht. Wenn er nicht einen besonderen Rückenmuskel hätte, mit dessen

Hilfe er sich nach Belieben einrollen kann, würden sie ihm nicht allzu viel nützen. Denn da wären ja noch sein kleines, feuchtes Schnäuzchen und der weiche Bauch zum Reinbeißen. Dank diesem Muskel aber, den er sich vermutlich als Lohn für einen anderen guten Tipp von Gott schenken ließ, ist er fast unangreifbar. Er braucht sich nur zu »borsteln« oder zu »krömpeln«, wie es in manchen Dialekten heißt, und schon kann ihm niemand mehr was. Niemand? *Fast* niemand – doch darüber später.

Und hier sind wir wieder bei den Altertumsforschern und Völkerkundlern angelangt, denn genau das ist der Punkt, auf den sie hinauswollen: Die Stacheln sind ein grandioser Schutz für den Igel; also schützen sie nach altem Übertragungsglauben auch den, der dieses Tier zu seinem Maskottchen, seinem Amulett erkürt. Die Skythen, ein zentralasiatisches Reitervolk, bekrönten ihre Standarten gern mit Igelfiguren und betrachteten den Igel als eines ihrer Totemtiere. Die Krieger der alten Griechen trugen ihrerseits so genannte Igelkappen: stachlige Mützen aus Igelfell. Das Gefühl, auf magische Weise wie der Igel selbst geschützt zu sein, dürfte also hinter diesen merkwürdigen Bräuchen und zum wesentlichen Teil hinter der einstigen Beliebtheit des Igelmotivs gesteckt haben. Ob außerdem eine Igelgöttin dafür verantwortlich zu machen ist, wie die feministische Archäologin Marija Gimbutas wissen wollte, wagen wir nicht zu entscheiden. Die von ihr angeführten Beweise, unter anderem eine Figur aus dem minoischen Kreta, scheinen uns doch auf recht wackeligen Beinen zu stehen.

Aber vielleicht hat auch noch eine andere Besonderheit des Igels zu seiner Bedeutung beigetragen: der Winterschlaf. Sicher ist das nicht unbedingt einzigartig, schließlich gibt es auch andere Vierbeiner, die dafür bekannt sind. Aber Stacheln *und* Winterschlaf sind schon zwei Merkwürdigkeiten, und beide vereint führten wohl dazu, dass man den Igel eng mit dem Kreislauf von Leben und Tod und daher auch mit Erneuerung, ja, wie die Schlange mit ewigem Leben in Verbindung brachte. Manch ein Gelehrter glaubt, dass ihn die alten Ägypter genau aus diesem Grund als Motiv für Kinderrasseln, für Opferkuchen und Gräberwände verwendeten.

Von all dem abgesehen fanden Griechen wie Römer, Mesopotamier wie Ägypter den Igel aber sicher auch schlichtweg niedlich – das versteht sich von selbst, davon gehen wir aus.

Mit dem Winterschlaf der Igel ist das übrigens so eine Sache. Als unsere Daisy Wutz nur zwei Monate winterschlief, haben wir uns Sorgen gemacht und gedacht, wir müssten sie unbedingt wieder dazu bringen, sich noch einmal für etliche Wochen hinzulegen. Wir erinnerten uns noch an die Schildkröten, die früher jedes Kind in einer Kiste hielt und mit Salat fütterte. Die nämlich starben oder lebten jedenfalls viel kürzer, wenn sie nicht im Dezember in den Keller verfrachtet wurden.

Daisy hatte auch im kühlen Keller, in einem gemütlich ausgestopften Häuschen geschlafen. Dann war sie eines Tages wach. Die Notration war aufgefressen, sie selbst hantierte geschäftig unter einem Regal. Sie wollte fressen und herumkramen, wie sie es gewohnt war. Und bestimmt nicht mehr im Keller hausen. Wir schwankten also zwischen nachgeben, absolutem Nahrungsentzug, wie manche drakonischen Igelbetreuer es empfehlen, und gutem Zureden. Wir sahen uns an: Fasten lassen schied selbstredend aus. Gutes Zureden half nicht. Daisy hatte ausgeschlafen, war munter, basta.

Wir entschlossen uns zu einem Kompromiss. Sie bekam zu fressen, würde aber im Keller bleiben, wo es kühl war, dann würde sie schon von selbst wieder einschlafen. Dachten wir. Daisy dachte anders. An einem der folgenden Tage kroch sie mit dem Oberkörper so geschickt zwischen zwei Latten einer dieser stabilen alten Weinkisten, dass sie wie Pu der Bär weder vor noch zurück konnte. In diesem kläglichen Zustand fanden wir sie am nächsten Morgen; wir mussten sie heraussägen, und ihr Keller-Hausarrest war damit beendet. Sie durfte in den inzwischen für Igel hergerichteten so genannten Wintergarten, wo ihr Sir Gilbert ein paar Wochen lang Gesellschaft leistete; wir aber lasen, was es über den Winterschlaf von Igeln zu lesen gab. Schließlich wollten wir nicht, dass unsere Igelin, weil wir vielleicht zu nachgiebig gewesen waren, irgendwie zu Schaden kam.

Was wir indes erfuhren, bestätigte unsere gute Meinung vom Verstand der Igel. Wenn unsereins im November am liebsten seine Sachen packen und auf Kreta überwintern würde, geht der Igel schlafen. Es gibt draußen keine Käfer mehr, keine netten fetten Engerlinge, Tausendfüßler oder Spinnen. Es ist kalt und ungemütlich, da baut man besser ein warmes Kobelchen und legt sich schlafen. Schlafen ist nachgewiesenermaßen eine Lieblingsbeschäftigung der Igel. Und wie entspannend und nett diese Tätigkeit ist, geben sie oft genug durch lautstarke Geräusche zu verstehen. Irgendwer schrieb vor ein paar hundert Jahren sehr treffend über irgendwen:

»der lag auf seinem Kanapee
und schnarchte wie ein Igel.«

Sie suchen sich also ein nettes Plätzchen und schaffen Blätter und was sie sonst noch ansprechend finden, ins Nest. Was sie sonst noch ansprechend finden, ist übrigens individuell verschieden. Die einen lieben Plastikfolien, andere Stoffstücke, und ein im Haus überwinternder Igel klaute seiner Betreuerin gar ein Nachthemd, um sein Nest damit auszupolstern. Wie kam er wohl an ihr Nachthemd? Egal. Jedenfalls wickeln sie sich anschließend fest, sehr fest in ihr Nestmaterial ein, bis sie wie kleine Blätter-, Plastik- oder Stoffkugeln aussehen, und stehen die nächsten paar Monate – von kurzen Unterbrechungen abgesehen – nicht mehr auf. So lange, bis unsereins von Kreta wieder heimwärts ziehen und die Oleander rausstellen würde.

Ist es nun aber *nicht* kalt und ungemütlich draußen und obendrein – und das vor allem – genug zum Fressen da, tja, dann besteht auch kein Grund, und zwar wohlgemerkt eigentlich auch kein biologischer Grund, sich für die nächsten paar Monate von den irdischen Freuden zu verabschieden. Igel wärmerer Gegenden (die mit den hässlichen langen Ohren etwa) denken teilweise gar nicht daran, einen Winterschlaf zu halten, und die südwestfranzösischen Brüderchen und Schwesterchen schlafen etwa so lange wie unsere Miss Daisy. Und die einen wie die anderen leben deswegen auch nicht kürzer als die lang schlafenden Igel. Fazit: Wenn Igel winterschlafen, ist es gut, wenn nicht, dann geht es auch so.

Gerade für die kleinen, eben dem Babydasein entwachsenen Igelchen ist der Winterschlaf zudem nicht unbedingt eine unproblematische Angelegenheit. Das Einschlafen ist einfach, der Igel packt sich warm ein, schließt die Augen, und die Körperfunktionen und die Herzfrequenz werden nach und nach zurückgefahren, und die Körpertemperatur sinkt so stark (konkret auf 5 Grad), dass der Igel sich regelrecht kalt anfühlt. Nicht wenige, die solche Igel irgendwo ausbuddelten, hielten sie für tot. Dementsprechend kostet das Aufwachen, das Aktivieren aller Lebensgeister, die kleinen Murkel eine Menge Kraft und Energie.

Es dauert mehrere Stunden, bis sich ein Igel einigermaßen berappelt hat. Anfangs torkelt er herum, als ob er betrunken sei. Seine Beinchen tragen ihn nicht, er wirkt benommen, der Blick ist trüb, der Körper zuckt. Kurz, wer ihm zuschaut, sieht sein letztes Stündlein unmittelbar bevorstehen. Anfangs frisst er auch nicht, er trinkt nur, und bis er wieder ganz normal reagiert, können mehrere Tage vergehen. Er ist natürlich auch stark abgemagert und sieht jetzt aus wie ein hässlicher kleiner Hundsigel, dem das zu groß gewordene Fell um die Hüften schlabbert.

Trotzdem aber denken Igel nicht daran, vor dem Großen Schlaf oder überhaupt Nahrung als Proviant in ihrem Nest zu hamstern. Sie sind schließlich keine Eichhörnchen oder gar Mäuse, Nagetiere eben – so etwas haben sie nicht nötig.

Gegen ein Leckerli nach dem abendlichen Aufwachen haben sie – wenigstens in menschlicher Obhut – allerdings nichts einzuwenden. Wenn bei den nächtlichen Erkundungsgängen also etwas Nettes, nicht sofort zu Vertilgendes ihren Pfad kreuzt, dann wird es manchmal mitgenommen. Eine Tierärztin mit großer Erfahrung erzählt, dass alles Mögliche in die Schlafnester gebracht wird. Hühnerknochen und ganze Hühnergerippe hätten die Betreuer gefunden, aber auch Dinge mit »ideellem Wert«. Da entdeckte eine Mutter die lang vermisste Sportmedaille ihrer Tochter, und ein anderer Betreuer musste sich die Toilettenbürste, die sein Igel ins Herz geschlossen hatte und immer wieder abtransportierte, stets aufs Neue zurückerobern. (Wobei uns der alte Witz einfällt: »Verzeihung«, sagte der Igel und stieg von der Klobürste.)

Igel mögen Sportmedaillen und Bürsten sammeln, Nussvorräte legen sie jedenfalls nicht an. Sie stapeln auch keine Regenwürmer oder Schnecken – und ganz sicher keine Äpfel oder Birnen!

Wer klaut das Obst?

Einst lebte ein Mann mit einem Hund namens Plischi. Der Mann war nicht nur böse, er war obendrein auch noch recht blöd, denn er kannte keine Igel. Er zog von der Stadt aufs Land in ein Haus mit einem Garten und einem Igel. Erst fraß der Igel dem Hund das Futter weg, dann trat der Mann versehentlich auf den Igel drauf. Da endlich ging ihm ein Licht auf, und er erklärte seinem Hund Plischi, das sei ein ganz gewöhnlicher Schweineigel. Und den wolle er nicht bei sich im Garten haben.

Er suchte also den Igel (dem nichts passiert war, als der Mann auf ihn draufgetreten war) und sah, wie dieser gerade eine dicke Fallbirne verputzte. Wütend ging der Mann eine Kiste holen, um den Igel einzusperren. Derweil brach sein Hund in die Speisekammer ein, verwüstete alles, zerschlug anschließend auch noch die Fensterscheibe – und der Igel war natürlich an allem schuld.

Am nächsten Abend mampfte der Igel wieder Birnen. Der Mann schlich sich an und stülpte die Kiste über ihn, aber am nächsten Morgen war der Igel entwischt.

Wieder suchte der Mann abends den Igel, und wieder stand der unterm Birnbaum und fraß eine Birne nach der anderen. Als er satt war, drehte er sich auf den Rücken und wälzte sich; dabei quiekte er zufrieden vor sich hin. Der böse Mann schaute ihm dabei zu und dachte, als der Igel mit dem Unsinn aufgehört hatte: »Nanu, der sieht ja auf einmal ganz anders aus.« Er knipste seine Taschenlampe an und brüllte: »Halt, du böser Birnendieb!«

Der Igel rollte sich zusammen. Der Mann ging zu ihm hin und da sah er nun freilich, dass der Igel ein noch viel böserer

Birnendieb war, als er geglaubt hatte. Denn der Igel hatte sich nicht nur so zum Vergnügen im Grase gewälzt, er hatte sich dabei fünf schöne, reife Birnen auf die Stacheln gepikt. Die wollte er nun wohl als Nachtessen in seinen Bau tragen.

Später stahl der Igel gar noch Gurken, und wie die Geschichte mit dem bösen Mann weitergeht, werden wir an anderer Stelle erzählen. Hier müssen wir allerdings zunächst eine Erzählpause einlegen. Denn so geht das ja nun nicht. Also wirklich! Um es mit Eugen Roth zu sagen: »Pfui, ihnen so etwas anzudichten!« Mit »ihnen« sind natürlich die Igel gemeint.

Der die Geschichte vom bösen Mann und dem Igel erzählte, war Hans Fallada, der vor allem durch sein Buch *Kleiner Mann – was nun*? berühmt wurde. Er wohnte mehrere Jahre an einem wunderschönen Mecklenburger See, züchtete Bienen, hielt Hunde und ging Pilze suchen. Er stand mit Pfifferlingen, Rotkappen und Maronenröhrlingen auf vertrautem Fuß – mit Igeln aber ganz offensichtlich nicht. Vielleicht verscheuchten seine Hunde die Igel aus dem großen Garten. Vielleicht kümmerte er sich auch zu viel um seine Bücher und Bienen und zu wenig um sein Fallobst. Sonst hätte er sich vielleicht einmal bildlich vorgestellt, wie fünf reife, schöne Birnen auf einem Igelrücken Platz haben sollen – und sich ein anderes Thema für ein Kinderbuch ausgedacht.

Zu seiner Ehrenrettung sei gesagt, dass er sich diese Obstgeschichte nicht völlig aus den Fingern sog. Wie bei dem Spiel »Stille Post« gab sie einer an den anderen weiter, bis sie schließlich auch zu ihm gelangte. Schon vor zweitausend Jahren schrieb der Historiker und Schriftsteller Plinius: »Auch die Igel sammeln Wintervorrat; sie wälzen sich auf abgefallenen Baumfrüchten, spießen sie so auf ihre Stacheln, nehmen noch eine davon ins Maul, und tragen sie in hohle Bäume.«

Plinius können wir aber *auch* nicht die Schuld an dieser Legende geben. Mehrere Jahrhunderte zuvor wurde ein Igel mit Früchten auf den Stacheln aus Ton geformt und eine Weile als Rassel benutzt, bis er in einem Athener Brunnen landete und sehr viel später wieder herausgefischt und ins Museum gestellt wurde. Wir wissen also, dass die Menschen schon in ziemlich alten Zeiten glaubten, Igel würden Früchte auf ihren Stacheln transportieren.

Bei den Griechen waren es allerdings weniger Birnen und Äpfel, die man den Igeln ankreidete, als Feigen und Weintrauben. So sehr wurde der Igel mit Letzteren in Zusammenhang gebracht, dass er gar als Tier des Weingottes Dionysos betrachtet wurde.

Wie der Igel den Traubenklau zuwege bringt, beschreibt ein Grieche im zweiten nachchristlichen Jahrhundert folgendermaßen: »Im Herbst geht er [der Igel nämlich] in den Weinberg, schneidet sich Trauben ab, so dass sie zu Boden fallen, und wälzt sich dann in den Trauben. So bleiben die Beeren an seinen Stacheln hängen und er kann sie seinen Jungen nach Hause bringen.«

Vielleicht blieb der Autor dieser Zeilen deshalb lieber anonym, weil er Nachfragen fürchtete. Womit, so hätte sich nämlich jemand erkundigen können, schneidet der Igel bitte schön die Trauben ab? Mit solchen Beckmessereien wäre man aber damals wohl ohnehin nicht weit gekommen. Wenn über Nacht die Trauben reihenweise aus dem Weinberg verschwanden, dann stand der Sündenbock schon fest: Nicht der Nachbar, nein, der Igel war schuld. Und darum brachte man ihn um und hängte seine Haut am schönsten Weinstock auf. Das hatte dann obendrein den Nutzen, dass kein Hagel den Früchten mehr schaden konnte.

Immerhin dachten die alten Araber, die sich (wir erinnern uns an die fünf Beine, fünf Zähne und fünf Eier!) in puncto Igelwissen nicht gerade mit Ruhm bekleckerten, über das Problem des Traubenklaus ein wenig eingehender nach. Und einer ihrer Autoren erläutert die Methode. Der Igel klettert nämlich rückwärts an der Rebe hinauf und beißt die jeweils unter ihm liegenden Trauben ab. Anschließend klettert er vorwärts wieder hinunter und frisst sie auf (oder bringt sie heim zu seinen Lieben). Ganz einfach also.

Nach und nach gelangte die Mär der Obst liebenden, Obst klauenden Igel auch zu uns und wurde ausgesprochen populär. In einem altfranzösischen Tierbuch aus dem zwölften Jahrhundert heißt es beispielsweise (in barocker Übersetzung):

> Und kombt die Lesezeyt / Igel auff die Rebe steygt //
> Dort er zur Troube dringt / so ihm die reiffste dünckt //
> Unt schlägt die Bêren los // sehr böser Nachbaar dos //
> Dann von der Rebe steygt / sich auff die Beeren leyt /
> Dann rolt er drauff herumb / grad wie eyn Kugel runt //
> Und wann er wôl beladen / die bêren an îm kleyben //
> So tregt er atzung feyn zu seinen kindelein.

Ein böser Nachbar also, der auf die Reben steigt und sie herunterschlägt, fürwahr!

Und was der eine vorsagt, plappert der andere natürlich nach. Und so blieb es eine ganze lange Weile. Der Igel packte sich immer größere Obstportionen auf den Rücken, bis schließlich immer alle Stacheln voll besetzt waren. Und wenn nur eine einzige Frucht beim anschließenden Transport herunterfiel, schüttelte er alle Übrigen ab und ging auf die Suche nach neuen Früchten (die anderen waren dann ja wohl Fallobst und nicht mehr gut genug). Hieß es. Sagte man.

Aber auch diese düstere Zeit ging vorbei und schließlich gab es zaghafte Versuche einiger Beherzter, wenigstens einen Teil dieser Beobachtungen in Zweifel zu ziehen. So wollte etwa der große französische Naturforscher Graf von Buffon, man denke sich, nicht glauben, dass Igel aus purer Gier sogar auf die Bäume klettern und das Obst herabschütteln. So etwas!

Was das Obstspießen anging, blieben die Zweifler jedoch in der Minderheit. Clemens Brentano schrieb noch vor etwa

150 Jahren: »Ach! Wie rührend war es, als nun noch ein gemüthvoller, junger Igel von der schönsten Haltung zu mir heranrasselte, wie ein ganzer Rüstwagen; er hatte sich in einem benachbarten Ort unter den Borstorfer Äpfelbäumen gewälzt und alle herabgefallenen Äpfel auf seinen Stacheln aufgespießt, die ich ihm dankbar herabnahm, worauf er sich schweigend empfahl.«

Das mit dem Rüstwagen hat Brentano vielleicht geklaut, denn eine ganze Weile vor ihm behauptete schon ein Engländer, wenn der Igel die Äpfel aufgeladen habe, marschiere er los und mache dabei einen Lärm wie ein Wagenrad.

Dieses so interessante, weit und breit diskutierte Thema wurde endlich auch zu einem wissenschaftlich erörterten. Dabei kamen dann Augenzeugen zu Wort, die Stein und Bein schworen, selbst zig Male gesehen zu haben, dass und wie …

Selbst in der Zeitschrift ›Die Gartenlaube‹ erzählte im Jahr 1865 ein Beobachter, er selbst habe wirklich und wahrhaftig erlebt, wie ein Igel einen Pfirsich nach dem anderen in sein Maul nahm, auf einen Haufen stapelte, und als er etwa sechzehn Stück beisammenhatte, die Stacheln aufstellte. Daraufhin warf er sich mit Schwung auf die Pfirsiche und rollte sich so lange darauf herum, bis er alle sechzehn aufgespießt hatte. Dann ging er mit der vollen Ladung seines Weges.

Gegen solche Tatsachenberichte kamen die Gegner der Sage verständlicherweise nicht an. Solche Skeptiker konnten schließlich schlecht damit argumentieren, sie hätten gesehen, dass Igel *keine* Äpfel aufspießten und fraßen.

Dass es selbst heutzutage noch genügend Leute gibt, die an diese Geschichten glauben, liegt nicht zuletzt an Schriftstellern wie Fallada, die sie unbelastet von Zweifeln an deren Wahrheitsgehalt in Kinderbüchern verbreiteten. Bei Christian Morgenstern liest sich das so:

Der Igel wälzt sich um und um
mit innerlichem Wohlgebrumm,
bis er, mit Pflaumen ganz beschwert,
nach seiner Höhle heimwärts kehrt.
Dort nimmt ihm ab die Igelfrau
die fetten Früchte, rund und blau,
und legt sie in die tiefen Töpfe
(zumal auch für die kleinen Tröpfe)
und stellt die Töpfe an die Wand
und spricht mit hocherhobner Hand:
»Dies für den Winter, wenn es friert;
heut wird noch Heuschreck schnabuliert.«

»Warum könnte die Sache mit dem Obsttransport aber nicht einfach stimmen, wenn so viele sie erzählen und gesehen haben wollen?«, könnte manch einer bescheiden fragen. Und ehrlich gesagt, sogar unser Lieblingstierforscher Alfred Brehm behauptet, sie beruhe auf Wahrheit. Er erklärt, dass der Igel sein Nest auspolstert. »Die Stoffe trägt der Igel auf seinem Rücken nach Hause, und zwar auf sehr sonderbare Weise. Er wälzt sich nämlich in dem Laube herum, dort, wo es am dichtesten liegt, und spießt sich hierdurch eine Ladung auf die Stacheln, welche ihm dann ein ganz großartiges Ansehen verleiht. In ähnlicher Weise schafft er auch Obst nach Hause. Man hat dies oft bezweifelt, Lenz aber hat es gesehen, und einem solchen Beobachter gegenüber wäre fernerer Zweifel ein Frevel, dessen wir uns nicht schuldig machen wollen.«

Wollen wir nicht? Wollen wir *doch!* Bei allem Respekt vor Freund Lenz, wer immer das auch gewesen sein mag, verweisen wir – und mit uns wohl alle, die mit Igeln näher zu tun hatten – die ganze Angelegenheit in den Bereich der Märchen. Zum einen weiß jeder, der Igel betreut hat, dass sie sich aus Obst ganz allgemein nicht viel oder überhaupt nichts machen. Die meisten sagen sogar, ihre Igel hätten außer Bananen kein

Obst angerührt. Unsere Igel jedenfalls ganz gewiss nicht – übrigens auch keine Bananen. Zum anderen zitiert Brehm selbst an anderer Stelle besagten Lenz mit einem recht üblen Experiment: Zwei Tage lang gab der seinem Igel ausschließlich Obst zu fressen, und der Arme fraß es nur mit spitzen Zähnen und in so geringen Mengen, dass zwei seiner Jungen verhungerten.

Ein dummes und barbarisches Experiment! Wenigstens *ein* Gutes haben aber die unzähligen überfahrenen Igel der heutigen Zeit: Wissenschaftler haben viele, viele von ihnen seziert, um herauszufinden, was sie gegessen hatten. Und was haben sie in ihren Mägen gefunden? Jedenfalls keine Reste von Obst! Sie schließen zwar nicht aus, dass Igel in der Not auch Äpfel und Birnen fressen, aber, wie es die Igelkennerin Monika Neumeier treffend ausdrückt, »vermutlich mit ähnlicher Begeisterung, wie Menschen in Hungersnöten Baumrinde und Wurzeln aßen oder ihre Lederstiefel als Suppeneinlage kochten.«

Da wird der Igel gerade so blöd sein und sich das als Wintervorrat in den Bau häufen, was er am wenigsten leiden mag! Ein anderer Experte weist darauf hin, dass es dem Igel rein praktisch fast unmöglich ist, diese Aufspießaktion erfolgreich durchzuführen, zumal mit schwerem Obst wie Äpfeln und Birnen, weil nämlich, wie er sagt, der Rückenmuskel des Igels erschlafft sein muss, wenn er sich herumwälzt. Und dann *kann* er gar nichts aufspießen. Versucht man aber, einem Igel mit aufgestellten Stacheln Früchte aufzustecken, bedarf es einer Kraft, die das Tier selbst beim besten Willen nicht aufbringen könnte.

Igel legen also keine Vorräte an, sie schneiden, beißen und schlagen auch keine Trauben von den Reben und sie schaffen ihr Nestmaterial mit dem Maul ins Häuschen, und nicht auf dem Rücken. Das haben wir selbst gesehen.

Falls aber zufällig ein Hund des Weges kommt, der Igel sich einigelt und die Stacheln aufstellt, könnten anschließend einige Blätter an den Stacheln haften. Und es ist weiterhin möglich – und das ist die allgemein gegebene Erklärung für den Ursprung dieser Mär –, dass dem ein oder anderen Igel rein zufällig eine reife Birne auf den Rücken plumpst, wenn er gerade unter dem Birnbaum nach Würmern sucht und aus irgendeinem Grund die Stacheln aufgestellt hat. Apropos Würmer. Wir haben im Herbst Falläpfel aufgelesen und fanden unter sehr vielen von ihnen Regenwürmer, die dabei waren, sich in den jeweiligen Apfel hineinzubohren oder was immer sie sonst da taten. Voilà! Ein hervorragender nicht-vegetarischer Grund für einen Igel, sich mit Fallobst zu beschäftigen, meinen wir.

Und schließlich sagte ein kluger Mann: »Der Igel kommt erst in der Dämmerung aus seinem Versteck, dann also, wenn man mit bloßem Auge nicht unbedingt mehr viel sehen kann. Wie oft mag es also vorgekommen sein, dass jemand ein so seltsames Verhalten genau mit ansah – und obendrein jemand, der ein guter und verlässlicher Beobachter war …?«

Wenn aber keine Birnen und Äpfel, Feigen und Weintrauben – was lieben die Igel denn *dann?*

Wenn die Igel in der Abendstunde

Außerhalb des Dorfes nach der Heide zu liegt an dem Moorbache ein Eichenhain. Ein halbes Hundert grauer Bauwerke erhebt sich dort, halb versteckt von dem breiten Astwerk der alten Eichen. Es sind die Schafställe und Scheunen der Bauern, kunstlose, strohgedeckte Fachwerkbauten, deren Wände graues Flechtenwerk und gelber Lehmbewurf bildet und deren Grundbalken auf dicken Findlingsblöcken liegen.

Dort wohnt auch der Schäfer. Eine mächtige Mauer aus Ortsteinblöcken, von Moos übersponnen und von Engelsüß und Glockenblumen und Efeu überwuchert, hinter der sich ein gewaltiger, von Wacholder, Holunder, Stechpalmen und Schlehen bewachsener Hagen erhebt, grenzt das Wohnwesen gegen die Stallungen ab. Allerlei Getier haust hier; in den Strohdächern brüten Rotschwanz und Ackermännchen, auch ein paar Schleiereulen und ein paar Käuzchen hausen dort, unter den Scheunen haben es Spitzmaus und Waldmaus gut, Kröte und Ringelnatter und nicht minder Wiesel und Iltis. Auch Igel sind hier immer anzutreffen.

Der Schäfer lässt sie gewähren. Sie mögen ihm wohl ab und zu ein Ei oder ein Küken fortnehmen, dafür halten sie aber auch die Mäuse kurz. So treiben sie denn ungescheut schon am späten Nachmittage im Garten oder auf dem Hofe oder unter den Eichen ihr Wesen, und Wasser und Lord, die beiden alten Hunde des Schafmeisters, kümmern sich nicht mehr um sie; nur Widu, der junge Hund, ist noch etwas albern und quält sich dann und wann ein Viertelstündchen mit einem Igel ab, um schließlich mit zerstochener Nase das Spiel aufzugeben. Auch heute hat er das so getrieben und hat sich endlich ärgerlich und müde vor den Herd gelegt, wo er schläft und im Traume das Stacheltier weiter verbellt.

Der Igel hat noch eine volle Viertelstunde zusammengekugelt dagelegen, dann hat er sich aufgerollt und ist in das Gestrüpp des Hagens gekrochen. Er hatte vor, im Garten Schnecken zu suchen, aber der dumme Hund brachte ihn davon ab. Und nun krabbelt er in dem alten Laube herum, scharrt in dem Mulm und verzehrt laut schmatzend bald einen Regenwurm, bald eine Schnecke, dann eine Assel und nun eine dicke Spinne. Und jetzt geht es wie ein Ruck durch ihn; er hat junge Mäuse pfeifen gehört. Ein Weilchen noch verharrt er in seiner aufmerksamen Haltung, dann schleicht er vorwärts, macht einen kleinen Satz und stößt seine Nase in einen Knäuel fahlen Grases, der zwischen den Ortssteinen der Hofmauer steckt. Sechsmal stößt er zu, und jedes Mal erklingt ein dünner, schriller Todesschrei. Dann langt er sich die jungen Mäuschen heraus und schmatzt sie hastig auf.

Ein Weilchen schnüffelt er noch an dem Mauseneste herum, dann trippelt er weiter, ab und zu fauchend oder stehen bleibend und sich mit Krallen und Zähnen heftig da juckend, wo die Flöhe und Holzböcke ihn am meisten zwicken. Bald langsam, bald eilig begibt er sich nach dem Eichenhain. Dort gibt es immer allerlei im Grase, ein Taufröschchen oder eine fette Raupe, ein Mäuschen oder auch einmal einen jungen Vogel, der aus dem Neste fiel. Brrr, macht es laut, und ein dickes, braunes Ding stößt mit hartem Anprall an die blutende Eiche. Es ist ein Hirschkäfer. Er hat gefunden, was er suchte. Gierig steckt er die goldgelbe Pinselzunge in den gärenden Saft. Da raschelt es hinter ihm. Wütend dreht er sich um und spreizt die scharfbewehrten Zangen. Aber schon hat der Igel ihn gefasst, ihm den Leib abgerissen, und während der Kopf des Käfers im Grase liegt, knabbert der Igel den dicken Hinterleib vollends auf. Dann jagt er unter den Schafställen weiter und sucht einen nach dem andern ab.

Viel ist heute da nicht zu finden. Einige Spinnen, etliche Käfer, auch einen gut genährten Regenwurm, das ist alles. Es ist zu trocken gewesen den Tag über, die Junisonne hat es reichlich gut gemeint, und der Wind ging scharf; das gibt schlechte Jagd. So schiebt denn der Stachelrock nach dem Bache zu; vielleicht, dass sich dort die Jagd besser lohnt. Unterwegs dreht er jedes Blatt um und scharrt jeden Grasbusch auseinander, immer prüfend und schnaufend und seine Nase in das Moos und in die Blätter bohrend und ab und zu sitzen bleibend, um irgendein kleines Tier zu verzehren. Einmal bleibt er lange sitzen; er hat eine alte Maus pfeifen gehört, und vorsichtig pirscht er sich näher. Jetzt hört er sie dicht bei sich vorüberhuschen. Gleich wird sie wieder zurückkommen, und dann hat er sie. Aber gerade wie er zufahren will, löst sich ein grauer Schatten von der Wagenleiter, die Maus quiekt auf, und das Käuzchen streicht, sie in den dolchbewehrten Fängen haltend, auf die hölzernen Pferdeköpfe des Stalles, und der Igel hat das Nachsehen.

So weit fürs Erste diese Löns'sche Geschichte. Der Igel mampft zwar noch feste weiter, aber unserer Ansicht nach müsste er mit sechs jungen Mäusen, einem Hirschkäfer und etlichem Kleinzeugs im Bauch erst einmal genug haben. Wir sagten »Geschichte«, und genau das ist es auch. Hermann Löns, dessen Lieblings-Jagdmethode zwar das Pirschen war, wird trotzdem wohl kaum stundenlang einem Igel durch das Gestrüpp hinterhergekrochen und ihm gar unter die Schafställe gefolgt sein. Und dass es obendrein ab der Mitte der Geschichte dunkel war, bezeugt das Mäuse fangende Käuzchen. Igelexperten wissen aus eigener leidvoller Erfahrung, dass es ohne Minisender ein Ding der Unmöglichkeit ist, einen Igel auf seinen Gängen zu begleiten, weil es, wie der Forscher Pat Morris erklärt, nicht lange dauert, bis er unter einem Busch oder Zaun verschwindet.

Dass Löns Igel allerdings trotzdem recht gut kannte, steht außer Zweifel. Und gegen das Bild, das er von ihm zeichnet, haben wir ja auch grundsätzlich nichts einzuwenden … wenn er nur nicht so auf den Mäusen herumreiten würde! Käfer, ja – Regenwürmer, ja – Spinnen, ja – und zwar in dieser Reihenfolge. Dazwischen rangieren in der Beliebtheitsskala noch die Tausendfüßler, Ohrwürmer, Raupen und Schmetterlingspuppen. Weniger begehrt sind Schnecken und am allerallerwenigsten Asseln und Schnakenlarven. Ist ja auch klar. Wer würde schließlich *nicht* lieber leckere Ohrwürmer als eklige Asseln essen?

Jedenfalls – den aufmerksamen Lesern wird es an dieser Stelle aufgefallen sein: Was fanden die Forscher in den sezierten Igelmägen *nicht*? Richtig, Mäuse. Na ja, genau genommen gab's da ein paar ganz kleine Mäuserestchen. Die aber stammen, so die Erklärung, vermutlich

von toten Mäusen, die da herumlagen, wo die Igel auf ihrem Rundgang zufällig vorbeikamen. Und es ist auch ziemlich unwahrscheinlich, dass es sich bei allen untersuchten Igeln um erklärte Mäusefreunde gehandelt haben sollte, wie bei Brentanos Apfeligel, von dem es nämlich hieß: »Er war etwas melancholisch, denn er war verkannt, sein Geschlecht gehört zu den Feinden der Mäuse, aber er hatte seine Natur besiegt und lebte in einsamer Betrachtung als philosophischer Wohltäter und Mäusefreund unter ihnen …«

Nun, das ist nur ein Märchen. Aber was ist mit Hermann Löns, einem wirklichen Naturkenner. Irrt er?

Unser spezieller Freund Alfred Brehm hatte seinerzeit nicht nur einen unsympathischen Freund namens (wir erinnern uns) Lenz, sondern auch einen weiteren namens Albrecht. Dieser Albrecht also hielt einen Igel in einem Zimmer, in dem sich außerdem ein Loch mit einer Maus drin befand. Ehrenwort: So steht es geschrieben. Als die Maus irgendwann aus dem Loch kam, zack, schoss der Igel auf sie zu und packte sie, bevor sie Zeit hatte zu entrinnen. Ja, ganz »wie ein abgeschossener Pfeil von Rohr«.

Leuten, die Löcher mit Mäusen in ihrem Zimmer haben wollen, glauben wir erst mal nicht viel. Nun aber schiebt Brehm ausnahmsweise keinen Freund vor, sondern fährt eigene Wahrnehmungen auf. Er sagt also, er habe ihn (womit er den Igel meint) einmal beim Mäusefang beobachtet und sich über seine Piffigkeit »billig gewundert«:

»Er strich im Frühjahre im niedrigen Getreide hin und blieb plötzlich vor einem Mäuseloche stehen, schnupperte, schnüffelte daran herum, wendete sich langsam hin und her und schien sich endlich überzeugt zu haben, auf welcher Seite die Maus ihren Sitz hatte. Da kam ihm nun sein Rüssel vortrefflich zustatten. Mit großer Schnelligkeit wühlte er den Gang der Maus auf und holte sie so auch wirklich nach kurzer Zeit ein; denn ein Quieken vonseiten der Maus und behagliches Murmeln vonseiten des Igels bewies, dass dieser sein Opfer gefasst hatte.«

Hm. Rüssel? Maus ausgraben? Hm. Muss schon eine extradoofe Maus gewesen sein! Niemand schließt aus, dass Igel, wenn sie zufällig über ein Mäusenest stolpern, die kleinen Insassen vertilgen. Aber erwachsene Mäuse zu fangen ist eine Kunst für sich. Und wie zahlreiche Experimente bewiesen haben, stellt sich der Igel nicht eben geschickt dabei an. Er legt sich nicht auf die Lauer wie die Katze, und ohne ihm zu nahe treten zu wollen (denn er kann ganz schön schnell traben, wenn's pressiert): eine flüchtende Maus mit intakten vier Beinchen einzuholen … nein, das ist nicht sein Ding!

Ein besonders gescheiter Beobachter entlarvte die ganze Mäusefanggeschichte aus einem schlicht anatomischen Grund als Lüge. Der Igel sei mit seinem »unterständigen Mäulchen«

überhaupt nicht in der Lage, eine Maus zu packen. Zuerst müsse er sie zwangsläufig mit der Nase anstupsen, und solchermaßen gewarnt sei sie über alle Berge, bis er zuschnappen könne. Das ist zwar eine niedliche Vorstellung, doch müssten nach dieser Theorie die Haifische (die bekanntlich ebenfalls über ein »unterständiges Mäulchen« verfügen) längst ausgestorben sein, die Ärmsten.

Auf alle Fälle aber bezeigten die Versuchstiere eigentlich auch überhaupt keine große Lust zum Mäusefangen. Zu guter Letzt fraßen sie mit ihren präsumtiven Opfern aus einer Schüssel. Passend dazu heißt es bei den Zigeunern: In der Not frisst der Igel Mäuse. Und da sind wir vermutlich bei des Pudels Kern angelangt.

Wir erinnern uns just an dieser Stelle daran, dass die alten Ägypter und die Griechen angeblich Igel hielten, wie wir heute Katzen, unter anderem damit sie die Mäuse dezimierten. Sperrt man einen Menschen lange genug ohne Nahrung in einem Keller ein, wird auch er anfangen, Mäuse zu essen. Was blieb den Igeln, falls die Theorie mit den ägyptisch-griechischen Hausigeln überhaupt stimmt, denn anderes übrig? Und wenn sie da hin und wieder, bevor sie selbst Hungers starben, ein paar extradoofe Mäuse erwischten, macht sie das deshalb zu erklärten Mäuseliebhabern? Nein. Zu Mäusejägern? Nein. Und wer setzt also mit der folgenden Strophe Märchen in die Welt? Richtig: Kurt Tucholsky.

> Wenn die Igel in der Abendstunde
> still nach ihren Mäusen gehn,
> hing auch ich an deinem Munde
> und es war um mich geschehn.

Katzengelüste

Unser Lieblingsonkel Klaus wohnt an einem großen See im Norden Deutschlands in einem von A bis Z selbst gebauten bildhübschen Häuschen. Er hat einen Nachbarn namens Heini, der wohnt ebenfalls an diesem See. Im See gibt es viele Fische, um die sich im Allgemeinen keiner von beiden schert. Und vor allem nicht um die Plötzen und Brassen, wegen der vielen Gräten nämlich. Eines schönen Tages im Sommer aber sitzt Heini am Wasser und angelt Brassen. Stundenlang. Klaus sieht ihn angeln, kratzt sich am Kopf und wundert sich. Am nächsten Tag sitzt Heini wieder am See und angelt Brassen. Am übernächsten Tag sitzt Heini wieder am See und angelt. Am überübernächsten Tag …

»Heini«, sagt Klaus, als Heini an diesem Abend mit seinem Eimer an seinem Garten vorbeikommt, »es geht mich ja nichts an, aber hast du diesen Monat deine Rente nicht gekriegt, dass ihr euch von Plötzen ernähren müsst?«

Heini guckt ein wenig verschämt drein und druckst herum. »Brassen«, meint er schließlich. »Sie mögen keine Plötzen, nur Brassen. Sechs Stück … Entschuppt und gekocht!«, setzt er verlegen hinzu. Und da er keine Lust zu weiteren Erklärungen hat, fordert er Klaus auf, abends, so gegen sieben vorbeizukommen, er werde schon sehen – und geht.

Was Klaus zu sehen bekommt, ist eine vierköpfige Igelfamilie, die pünktlich um sieben in Heinis Garten einfällt, zielstrebig zum Futternapf trabt und mit wahrem Feuereifer die Fische verputzt, die Heini für sie gefangen, entschuppt und gekocht hat.

Zugegeben, es ist eine Geschichte wie die von den zahlreichen seltsamen Freunden Brehms – um zwei Ecken herum eben. Aber unser Onkel Klaus war nicht nur Tischler sondern auch Seemann. Und Seeleute lügen nie, das weiß doch jeder. Wir geben zwar zu, dass in den Mägen der sezierten Igel auch keine Fische gefunden wurden, aber wir sagen ja auch nicht, dass Igel Fische *fangen*. Wir sagen, dass Igel Fische *mögen*. Das ist ein kleiner, aber bedeutender Unterschied! Behaupten wir. Wir nämlich haben uns selbst, mit eigenen Augen bei einem unserer Igel davon überzeugt. Der musste mit an einen Mecklenburger See. Schließlich konnten wir ihn nicht allein zurücklassen. Und da wollte er nach einem ersten Versuch nichts anderes mehr fressen als kleine Barsche. Wirklich wahr.

Er war tatsächlich eine Woche lang so versessen auf Barsche, dass er sich weigerte, etwas anderes auch nur eines Blickes zu würdigen. Gaben wir ihm das übliche leckere Pämpschen, blieb es stundenlang unberührt. Er kam nicht aus seinem Häuschen und hungerte. Lagen dagegen ein paar nette, fette Bärschlein in seinem Tellerchen, konnten wir schon nach zwei Minuten singen:

»Ein Barsch ist verschwunden, verschwunden, verschwunden …« (Melodie von ›Ein Loch ist im Eimer‹)

Und nach weiteren zwei Minuten, wenn es im Häuschen anfing zu krachen:

»Ein Barsch ist im Igel, im Igel, im Igel …«

Übrigens sind wir, Heini und Lieblingsonkel Klaus nicht die Einzigen, die sich von dieser eigentlich wirklich abartigen Vorliebe der Igel überzeugt haben. Andere Igel-über-den-Winter-Bringer haben mit einigem Erstaunen genau das Gleiche festgestellt. Manche vermuteten, Igel würden die toten Fische an See- und Flussufern fressen, wüssten daher also, wie gut sie schmecken. Weiß der Himmel, ob das stimmt. Wenn man so hört, worauf sich manche Igel in menschlicher Obhut versteifen, könnte man an dieser Theorie gelinde Zweifel bekommen.

Einer fraß mehrere Tage lang nichts von seinem ordentlich zusammengemixten, extra auf Igelgeschmäcker abgestimmten Spezialfutter. Die Betreuerin machte sich schon große Sorgen, bis sie ihn eines Abends im Schrank über ihren Weihnachtsplätzchen erwischte, von denen nur noch ein kläglicher Rest übrig war. Ein anderer fraß am allerallerliebsten Schweizer Käse, nicht etwa Edamer oder Gouda, nein, Schweizer Käse musste es sein. Unsere kleine Emily – und nur sie – hat dagegen neuerdings ihre Vorliebe für Leerdamer entdeckt.

Es ist kaum anzunehmen, dass Igel im Freien auf Schweizer Käse, Leerdamer oder Kekse stoßen und auf Bananen ebenfalls doch eher selten. Überhaupt gar nicht aber stolpern Igel über Erdnüsse, und genau die lieben manche von ihnen über alles (immerhin behauptet unser ehemaliger Professor, der in seiner Jugend auf Exkursionen Maikäfer zu essen pflegte, sie schmeckten haargenau wie Erdnüsse), darunter auch einige unserer Diesjährigen, Daisy Wutz und die Schwestern Brontë.

Sie wohnen jetzt, nachdem die Schwesterchen ein wenig aufgepäppelt sind und allmählich dicke Bäuchlein bekommen, bis zum Frühjahr alle zusammen im großen so genannten Wintergarten, streiten, palavern und vertragen sich wieder – und bekommen jeden Abend zwei Schüsseln randvoll mit Futter. Sie graben sich also aus ihren verschiedenen Heuhaufen hervor, fressen laut schmatzend einen Mundvoll oder auch zwei oder drei – und dann? Dann drücken sich die drei Schwesterchen vor der Wintergartentür herum, so lange, bis sich eine freundliche Seele ihrer erbarmt und sie reinholt zum Nüsschenfassen. Und wenn es gar zu lang dauert, stellt sich die ein oder andere hin und fängt original wie eine Miniaturlokomotive lauthals an zu prusten: »Puff, puff, puff.« So dass es der letzte Depp im Haus hören muss: Hier ist ein armes kleines, inzwischen *ziemlich* verärgertes Igelchen und möchte gern rein.

Nicht nur zum Nüsschenfassen, um der Wahrheit die Ehre zu geben. Nachdem der letzte Depp sie endlich, endlich bemerkt und reingeholt hat (sie sind ja noch klein, da muss man Nachsicht üben), bekommen sie ihre Portion Nüsse. Dann strecken sie jede auf ihrem Lieblingsplatz alle viere von sich und schlafen eine Runde; anschließend müssen sie wieder in den Wintergarten und gehen dort brav ihrer Wege. Mehr oder weniger brav.

Nüsse in Maßen bekommen Igeln gut, Fische bekommen ihnen gut, Katzenfutter sowieso und Rühreier (ohne Salz) und Bananen auch. Von den Keksen schweigen wir. Aber es gibt noch etwas, was Igel nachweislich mögen, was ihnen aber ganz und gar nicht bekommt: Milch. Kluge Forscher haben erst vor kurzem festgestellt, dass sie von der darin enthaltenen Lactose wenigstens erhebliches Bauchgrimmen kriegen. Kleinchen können sogar davon sterben. Aber Igel sind schließlich auch nur Menschen. Was essen und trinken *wir* nicht alles, was uns schadet, vom Rauchen ganz zu schweigen … Warum sollten ausgerechnet Igel da gescheiter sein?

Wir wissen von einer Igelfamilie, die täglich in einen Ziegenstall marschiert kam, um ihre Schale Milch einzufordern. Landbewohner berichteten oft genug, Igel würden sich regelmäßig am Milchnapf der Katze einstellen. Und da bis vor wenigen Jahren gefundene Igel grundsätzlich mit Milch gefüttert wurden – was heutzutage unbedingt zu vermeiden ist! –, scheint diese Vorliebe wirklich außer Frage zu stehen.

»Aber hallo!«, hätte an dieser Stelle manch ein Bauer früherer Zeiten gesagt. Vorliebe? Von wegen: Sucht! Die heimtückischen Igel sind so verrückt nach dem weißen Labsal, dass sie sich heimlich in den Kuhstall schleichen. Da suchen sie sich Kühe mit dickem vollem Euter aus, verbeißen sich mit einem Hechtsprung in ihren Zitzen und saugen sie vollkommen leer. Als Beweis wäre dann vielleicht die leer getrunkene Kuh vorgewiesen worden. (Derweil die Magd hinterm Stall stand, sich die sahnigen Finger an der Schürze abwischte und sich eins grinste. Oder so.)

Wir hatten schon die extradoofen Mäuse … na ja, manchen Menschen kann man eben jeden Bären aufbinden. Es mag sein, dass manche Bauern in ihrem Stall neben einer Kuh mit prallem Euter zuweilen einen Igel gesehen haben. Vielleicht schleckte der auch durch die Magd verschüttete oder aus dem zu vollen Euter tropfende Milch auf, wie manche Forscher vermuten. Aber alles Weitere ist Unsinn, unter anderem, weil Kuhzitzen nicht nur viel zu hoch hängen, sondern auch zu groß für Igelmäulchen sind.

Totgeschlagen wurden die Igel von den erbosten Kuhbesitzern trotzdem, und keineswegs nur wegen der leer gesaugten Kuh. Man denke erst an die Eier. Die vielen schönen Eier, die Igel den Hühnern unterm Hintern weggeklaut und vertilgt haben sollen. So steht es ja auch oben in der Geschichte aus Malta geschrieben, und so wurde es von der Jungfrau Maria ein für alle Mal bestätigt.

Wirklich, da kommt der Marder nicht mehr mit, denn »einer will sogar einen Igel gefunden haben, welcher fünfzehn Hühner in einer Nacht umgebracht und eins davon gefressen haben soll«. Selbst Alfred Brehm, der seinen verschiedenen Freunden sonst ja reineweg alles abnimmt, wurde bei dieser Aussage misstrauisch und fragte nach. Der Beweis waren dann drei nach dem Hühnermord nachweislich in Tellereisen gefangene und getötete Igel.

Obgleich Brehm hier schlau bemerkt, die Igel hätten für die Tat eines Marders büßen müssen, hält er es durchaus für möglich, dass unser Stachelritter, wie er es ausdrückt, ein erwachsenes Huhn oder ein Kaninchen »abzuwürgen vermag.« Wenn nun solche haarsträubenden Unterstellungen nur er und seine diversen Freunde in die Welt gesetzt hätten, wäre den Igeln daraus wohl kein großer Schaden erwachsen. Ausgerechnet die Jäger aber, die es ja wirklich besser wissen könnten und sollten, schrieben früher den Igeln wahre Herkulestaten zu, was das Ausplündern von Fasanen- und Rebhuhngelegen anging. Einer von ihnen will zusammen mit einigen anderen Weidmännern insgesamt bei elf Gelegenheiten auch einen Igel dabei gesehen haben, wie er einen »vollständig gesunden Junghasen riss«. Wir werden diesen Jäger selbstverständlich nicht der böswilligen Lüge zeihen, wie kämen wir dazu! Wir möchten lediglich bescheiden daran erinnern, dass der eine oder andere Hubertusjünger zuweilen einen mehr oder weniger großen, gut gefüllten Flachmann bei sich trägt, der mit zunehmender Dauer des Ansitzens immer leerer wird …

Ein anderer Zoologe erzählt, ein Jäger habe ihm berichtet, er habe in einem Igelnest die Überreste von sage und schreibe vierzig Fasanen- und Rebhuhneiern gefunden. Ja, und wie der Igel die Eier wohl dahin gebracht hatte, wissen wir wiederum von einem anderen Augenzeugen, diesmal einem Schotten und Wildhüter obendrein, dem zu Anfang des letzten Jahrhunderts eines schönen Abends ein Igel über den Weg lief, der auf seinem Rücken sechs Fasaneneier transportierte. Im nahebei gelegenen Nest fand der Wildhüter die restlichen Eier, die der Igel beim Herumrollen alle angepiekst hatte. Und auch er entdeckte dort, wo sich der Igel verkrochen hatte, jede Menge Reste weiterer Eier.

Nun reicht es aber. Genug mit diesem Unsinn. Nur gut, dass der Igel inzwischen unter Naturschutz steht, da können sich die Jäger nicht mehr damit brüsten, wie es einer von ihnen tat, in einem einzigen Revier 185 Igel erledigt zu haben. Aber sie würden es ohnehin nicht mehr wollen, denn heutzutage ist für sie der Igel längst kein »Wildschädling« mehr, sondern gilt ihnen als ebenso nützlich und erhaltenswert wie unsereinem. Und das ist doch erfreulich zu hören!

Schließlich ist ja auch dem Igel zu verdanken, dass es bei uns so gut wie keine Giftschlangen, sprich Kreuzottern mehr gibt. Der schlangenfressende Mungo Rikki-tikki-tavi der Europäer also. Oder etwa nicht?

Vom Igel und der Schlange

Der Igel hatte wohl vernommen,
Dass bald der Winter würde kommen;
Ein Obdach käm da sehr gelegen,
Der Kälte und des Frostes wegen.
Ging zu der Schlange ihrem Loch
Und bat um Gottswilln, dass sie doch
Ihm nur für diese Nacht wollt gönnen,
Dass er bei ihr möcht hausen können.
Sie sprach: »Für zwei reicht nicht der Raum,
Er reicht für *mich allein* ja kaum!«
Er sprach: »Ach wo, ich mach mich klein
Und drück mich in ein Eckchen fein
Und führ mich wie ein frommer Gast,
Dass du von mir hast keine Last.«
Sie ließ ihn zu sich in die Ritzen:
Prompt tat er seine Stacheln spitzen
Und macht' sich breit und legt' sich quer
Und rollt' sich wie ein Klops umher;
Die Schlange mit den Stacheln stach,
Tat ihr viel Leid und Ungemach.
Die Schlang begann ihm da zu schmeicheln
Und bat, er möcht doch bitte weicheln,
Und sprach: »Es *ist* für zwei zu klein,
Behelf ich mich doch kaum allein!«
Er sprach: »Wer's hier zu enge findet,
Tut gut daran, wenn er verschwindet.«
Da sah die Schlang, wie dumm sie gwest;
Seufzend verließ sie ihr trautes Nest.
Das Laster wird gar oft gescholten,

Dass Gut mit Bösem wird vergolten;
Darum das Sprichwort immer bleibt:
Ein böser Gast den Wirt austreibt.

Gift und Galle

Da gab es also den Mann, wir erinnern uns, der immer noch bös war und immer noch seinen Hund namens Plischi hatte. Und immer noch wollte er den Igel beseitigen, der ihm die dicken Fallbirnen säckeweise aus dem Garten klaute. Was tat er also, nachdem die Sache mit der Kiste schief gelaufen war? Er schob den Igel auf eine Schaufel, ruderte hinaus auf den See und warf das Tierchen ins Wasser. Dann inspizierte er seine Reusen, holte erfreut zwei Aale heraus und ruderte wieder an Land. Da stand schon der Igel, nass, aber vergnügt. Die Aale rutschten dem überraschten Mann aus der Hand, der Igel rannte fort. Gut so.

Am nächsten Tag ging der böse Mann in seinen Steingarten, bewunderte allerlei Blumen, sah dabei ein Mäuseloch und betrachtete es sorgenvoll. Da hörte er ein Zischen, fuhr zurück, und eine wütende Kreuzotter schob sich aus dem Loch heraus. (Das passiert schließlich alle Tage!)

Der böse Mann traute sich nicht, sich zu bewegen. Die böse Schlange tanzte zornig vor ihm herum, drauf und dran, ihn in eine seiner dicken Waden zu beißen. So blieb es eine Weile. Dem Mann schliefen die Beine ein, und er begann zu bereuen, dass er so boshaft gewesen war. Nie wollte er, sollte er mit dem Leben davonkommen, mehr böse sein, auch nicht gegenüber dem Igel. Nie mehr.

Da kommt nun endlich der Igel ins Spiel und ins Bild. Er eilte zielstrebig auf die böse Schlange zu und beschnupperte sie. Woraufhin sie ihn in die kleine, dicke, schwarze Nase biss. Schwapp! Der Igel leckte sich die Nase und, zack, kriegte er einen Biss in die Zunge. Der Igel beroch wiederum freundlich die Schlange und Schwipp-schwapp-schwupp hatte er drei Bisse im Kopf, was ihm aber ganz und gar nichts ausmachte. (Der böse Mann staunte und versprach dem tapferen Kerlchen ein Begräbnis unter dem Birnbaum.)

Jetzt aber: »Der Igel sperrte das Maul auf, als müsste er gähnen über diese langweilige Schlange, die nichts konnte als zischen und beißen, und – schwuppdiwupp! – hatte er die Kreuzotter im Maul, biss zu, kaute los – und die Schlange mochte ihren Leib drehen und winden, so viel sie wollte, der Igel fraß sie auf, vom Kopf bis zu der Schwanzspitze.«

Der Igel platzte nicht, oh nein, und es gab ein großes Happyend. Der böse Mann wurde ein guter Mann und liebte von nun an die nützlichen Igel bis an sein Lebensende. Nur ins Bett nahm er sie nicht mit – wegen der Stacheln und der Flöhe.

Am bemerkenswertesten an diesem zweiten Teil von Falladas Geschichte, die da heißt ›Der getreue Igel‹, scheint uns der große Magen des Igels zu sein. Fallada hat da wohl etwas ein klein wenig durcheinander gebracht. Die mit den dehnbaren Mägen waren die Schlangen, nicht die Igel. Man stelle sich einen Igel und daneben eine Kreuzotter einer solchen Größe vor, dass der Mann vor Angst vor ihrem Biss wie gelähmt ist. Und die vertilgt der Igel nun auf einen Sitz vom Kopf bis zum Schwanz?

Woher Hans Fallada seine Igelweisheiten bezog, wissen wir nicht, wir vermuten aber stark, dass er sie ›Brehms Tierleben‹ entnahm. Zur Zeit, als er die Geschichte schrieb, wohnte er zwar in Mecklenburg, wo es sogar heutzutage noch Kreuzottern gibt. Dennoch halten wir es, ehrlich gesagt, für höchst unwahrscheinlich, dass er überhaupt jemals mit einer Vertreterin ihres Geschlechtes und obendrein noch auf die besagte Weise Bekanntschaft machte. Bei Brehm dagegen werden, zur Abwechslung mal wieder von unserem Bekannten Lenz (den wir überhaupt nicht mögen!), mehrere Kämpfe von Igeln mit Kreuzottern beschrieben. Und siehe da, bei genauerer Betrachtung erinnert einer davon doch recht deutlich an den vom netten Igel im Garten des bösen Mannes:

Also, der Igel beschnuppert die Schlange vom Kopf bis zum Schwanz. »Sie begann zu zischen und biss ihn mehrmals in die Schnauze und in die Lippen. Ihrer Ohnmacht spottend, leckte er sich, ohne zu weichen, behaglich die Wunde und bekam dabei einen derben Biss in die herausgestreckte Zunge. Ohne sich beirren zu lassen, fuhr er fort, das wütende und immer wieder beißende Tier zu beschnuppern, berührte es auch öfter mit der Zunge, aber ohne anzubeißen. Endlich packte er schnell den Kopf der Schlange, zermalmte ihn, trotz ihres Sträubens, samt Giftzähnen und Giftdrüsen zwischen seinen Zähnen und fraß dann weiter bis zur Mitte des Leibes.«

Man beachte die Mitte des Leibes! Dann nämlich war erst Mal Schluss und der arme gequälte Igel pappsatt. Na schön, in diesem Punkt sind also mit Fallada die Pferde durchgegangen. Ein gutes Beispiel übrigens dafür, wie aus Mücken Elefanten werden. Sieht einer einen Igel mit einer einzelnen Weinbeere auf dem Rücken und erzählt es seinem Freund, macht der zwei daraus. Und bei Plutarch angelangt, ist der Igel dann eine wandelnde Traube. Das nur am Rande.

Interessant an dieser Geschichte aber ist, dass seit der Antike immer wieder von einer unversöhnlichen Feindschaft zwischen Schlangen und Igeln berichtet wird. Vor tausenden von Jahren sollen die Igel die Giftschlangen von Haus und Hof fern gehalten haben, und die Perser sahen den Igel daher als Tier des »guten« Gottes Ahura Mazda, der stets und ständig das Böse bekämpft. In der frühen arabischen Literatur ist immer wieder von Schlange und Igel die Rede. Einmal heißt es, Gott habe die Igel gemacht und ihnen Macht über die Schlangen verliehen. Und der Gelehrte Ibn Abu'l-Hawafir erklärt, der Igel liebe es, Vipern zu essen. »Wenn die Viper das Maul öffnet, um ihn irgendwo zu beißen, trifft sie auf die Stacheln und flieht, und der Igel ist genauso begierig darauf, die Viper zu fangen, wie die Viper, die ihn nicht bekämpfen kann, ihm zu entkommen. Wenn die Viper es aber schafft, ihn in den weichen Teil seines Körpers zu beißen, frisst der Igel wilden Thymian und ist kuriert.«

Zahlreiche Fabeln handeln gleichfalls von einer Auseinandersetzung zwischen Schlange und Igel, wobei Letzterer ganz klar immer der Sieger bleibt. Oft ist es in diesen Märchen, wie in der obigen kurzen Versfabel, aber so, dass Schlange und Igel zunächst einmal zusammen im gleichen Loch wohnen, was verständlicherweise beiden oder aber jedenfalls dem Igel nicht passt. Sein Nest ist sein Nest, und Mitbewohner haben da nichts zu suchen. Und da die Schlange nicht freiwillig das Feld räumen will, ekelt oder rempelt der Igel sie eben hinaus. Dass er sie dabei allerdings aufspießt, wie es eine alte Version wissen will, ist selbstverständlich üble Verleumdung.

Zu unserem Leidwesen ist in der oben zitierten Fabel der Igel der Bösewicht, was ansonsten eher selten der Fall ist. Aber wenn es um das eigene Nest geht (auch wenn es pedantisch streng genommen jemand anderem gehört) ist eben auch für den Igel Schluss mit lustig. Weshalb es in einem Minnesang ganz richtig heißt:

> Weißt du, wie der Igel sprach?
> Viel gut ist eigen Gemach!

Vermutlich ist das zum Teil der Grund für die Feindschaft zwischen Schlange und Igel: Kommt eine Schlange einem Igel ernsthaft in die Quere oder greift sie ihn gar an, setzt er sich zur Wehr. Und bleibt in den allermeisten Fällen Sieger. Manche wollen das Wort »Igel« ja auch als »Schlangenfresser« erklären. Dass der Igel tatsächlich zuweilen Kreuzottern frisst (dort, wo es sie noch gibt), beweisen Filme, die den Igel und seine Familie auf ihren Wegen begleiten, sowie im Freien aufgenommene Fotos, beispielsweise von Eugen Schuhmacher. Er und andere sahen, wie sie behaupten, auch selbst Kämpfe zwischen Igeln und Giftschlangen.

Diese Beobachtungen entkräften den von einigen vorgebrachten Einwand, der nachtaktive Igel und die tagaktive Schlange würden sich ja so gut wie nicht begegnen können. Zwar ist die Kreuzotter im Allgemeinen tagsüber unterwegs, im Sommer, vor allem an sehr heißen Tagen, kommt sie jedoch erst abends aus ihrem Versteck hervor, um auf Nahrungssuche zu gehen. Also können sich die beiden in der Tat über den Weg laufen und miteinander Zoff kriegen.

Der schon erwähnte Kreuzotter-Igel-Kampf, den der unsympathische Lenz beschreibt, fand allerdings keineswegs irgendwo im Freien statt. Vielmehr hatte der Naturforscher zuvor den Igel samt Jungen in eine Kiste gestopft und dann eine Kreuzotter nach der anderen dazugelegt. (Offenbar verfügte er über eine unerschöpfliche Quelle.) Was aber blieb dem Igel anderes übrig, als nach dem Rechten zu schauen und gründlich aufzuräumen. Und die Störenfriede aufzufressen, zumal, wenn es sonst nichts zu beißen gibt, ist eine unleugbar endgültige Art des Aufräumens.

Wie dem auch immer sei, wir lassen unserem Naturdichter Löns, dessen Geschichte wir in einem früheren Kapitel unterbrochen haben, eine Begegnung zwischen Kreuzotter und dem fortwährend mampfenden Igel als solche durchgehen. Aber, lieber Hermann: Hast du vergessen mitzuzählen? Der Igel hat inzwischen sechs junge Mäuse, einige Spinnen, etliche vornamenlose Käfer, mehrere Regenwürmer, einen Hirschkäfer, diverses Kleinzeugs, einen Kiefernschwärmer, eine

Ackerschnecke, eine Maulwurfsgrille, einen Mistkäfer, eine Raupe und einen Brachkäfer (was immer das sei) in rascher Folge in sich hineingestopft und ist *immer* noch nicht satt?

Denn jetzt schiebt sich ihm eine Kreuzotter in den Weg. »Der Igel sträubt die Kopfstacheln, steckt die Nase vor, rollt sich halb auf und trippelt so auf die Beute los. Jetzt ist er bei ihr. Zss, geht es, einmal, zweimal, dreimal fährt die halbwüchsige Kreuzotter gegen seinen Stachelpanzer. Ein viertes Mal noch, aber dann nicht mehr. Er hat sie überrannt, hat sie mit den Kopfstacheln an den Boden gequetscht, hat mit den Zähnen ihren Hinterkopf gefasst, und während sich ihr Leib in wilden Kreisen dreht, zerkaut er erst den Kopf und schmatzt ihn hinunter und lässt den Leib hinterdrein wandern. Nach einem Viertelstündchen verschwindet auch die äußerste Schwanzspitze, die sich immer noch windet, in seinem Rachen.«

Äußerst malerisch, aber nach all dem, was der Igel schon in seinem Bauch hat, auch recht unwahrscheinlich. Sollen wir es noch einmal aufzählen …?

Aber gut, es stimmt zwar, dass Igel tatsächlich Kreuzottern fressen. Es stimmt aber ebenso, dass es nicht ihre gewöhnliche Nahrung ist, sie also durchaus nicht aufs Schlangentöten, aufs Kreuzotterfressen versessen sind. Wenn es bei uns zu Lande heutzutage kaum noch Kreuzottern gibt, dann sicher nicht, weil *Igel* ihnen den Garaus gemacht hätten, sondern Menschen vom Schlage des zunehmend widerwärtigen Brehm-Freundes Lenz.

Bleibt nur noch die Sache mit dem Gift. Wir erinnern uns: Sowohl in der abgekupferten Fallada-Geschichte als auch in dem bei Brehm referierten tatsächlich beobachteten Kampf machen die Giftbisse dem Igel nichts aus. Auch ein Märchen? Verendete der Igel kurz darauf, und der Tierquäler Lenz mit dem unerschöpflichen Kreuzottervorrat verschwieg es Brehm und uns? Vermutlich nicht. Zwar haben ähnlich »nette« Experimente gezeigt, dass Igel solche Angriffe *nicht immer* überstehen, aber sie sind tatsächlich sehr viel unempfindlicher gegen Gifte als die meisten anderen Tiere.

Vierzigmal so schlangengiftfest wie das Meerschweinchen soll der Igel sein. Und während unsereins nach Einnahme von vier Milligramm Cantharidin, dem Gift, das in der Spanischen Fliege enthalten ist, nicht mehr sehr lebendig ist, braucht's beim Igel hundert Milligramm, ehe er das Zeitliche segnet. Blausäure kann er fünfmal soviel fressen wie eine Katze. Jaja, so lässt sich die Reihe der an Igeln ausprobierten Gifte eine Weile fortsetzen. Wer macht bloß alle diese Versuche und kann anschließend noch schlafen? Gleich, ob Schlangengift, Blausäure, Arsen, Opium, Chloroform oder mehr als fünfzig Bienenstiche – der Igel nimmt es eine ganze Weile hin, wenn auch durchaus nicht gelassen oder gar »behaglich«, wie Fallada und Lenz es wissen wollten.

Immerhin ist bemerkenswert, dass unter den Bienenkörben des Tierfreundes Richard Gerlach stets Igel wohnten. Wie er mehrfach beobachtete, kamen die Igel in der Dämmerung aus ihrem Versteck und untersuchten den Platz nach Bienen, »deren Blütenfahrten zu Ende waren, und die nun ermattet am Boden lagen«. Und als die Igel Junge hatten, »vesperten« alle zusammen die toten und halb toten Bienen.

Wir halten es durchaus für möglich, dass der Glaube an die Unsterblichkeit des Igels, falls es ihn tatsächlich gab, mit ähnlichen Beobachtungen zusammenhing.

Na schön, nun wissen wir, dass der Igel ein zäher Bursche ist und jede Menge Gift verträgt. Weitere Experimente und Beweise sind überflüssig. Und wer will den kleinen furchtsamen Gesellen, der sich, wie Brehm es ausdrückt, »ehrlich und redlich, unter Mühe und Arbeit durchs Leben schlägt«, schließlich schon vergiften? Die sehr zu Unrecht verfolgten Kreuzottern sind bei uns inzwischen fast ganz ausgestorben, und der böse Lenz ist seit langem tot.

Der Fuchs und der Igel

Den Hasen hatte der Fuchs nicht erwischt, dafür war sein Hunger bald unbändig. Da lief er irr und wirr auf einem frisch beackerten Feld herum und suchte wütend nach Mäusen. Da traf er auf einen Igel, der saß ruhig neben einem Mausenest und fing gerade an zu fressen. »Räuber«, schrie der Fuchs, »ist das eine Speise für so ein Erdschwein?« Er nahm dem Igel die Mäuse kurzerhand fort und verschlang sie.

»Ei, du verfluchter Schollentreter, dass du daran ersticken mögest!«, tobte der Igel. Der Fuchs lachte über seinen ohnmächtigen Zorn. Es war nun für ihn zwar nur eine kleine Portion, aber doch etwas, und er wurde drauf sogar gemütlich.

»Aber sage mir«, sprach er zum Igel, »wozu hast du all die vielen Nägel auf deinem Pelz?« »Das ist meine einzige Waffe«, antwortete der Igel. »Gegen Hunde und andere Feinde, du kannst es ja auch versuchen, wenn du willst.«

»Armes Tier«, sprach hohnlachend der Fuchs, »dich hat die Natur stiefmütterlich behandelt, du scheinst auch sonst mit Dummheit gesegnet zu sein. Ich brauche eigentlich keine Waffen, durch meine List kann ich immer und überall durchkommen.« Indes hörte man »Hallo, hallo«, und zwei Windhunde kamen herbeigelaufen. Der Igel rollte sich schnell zu einer Kugel zusammen; der Fuchs aber nahm die Beine in die Hand. Die Hunde schnupperten ein wenig an dem Igel. Da sie sich allerdings an ihm blutig stachen, ließen sie ihn und eilten dem Fuchs nach. Der zog seine ganze List zurate, lief hin und her, im Zickzack um die Heuschober herum und machte allerlei Sprünge. Allein, es half ihm nichts, die Hunde erreichten ihn endlich doch; jeder packte ihn an einem Ohr und so führten sie ihn zu ihrem Herrn, dem Jäger.

Von Füchsen, Dachsen und anderen Schweinen

In der vorigen Geschichte macht der Fuchs eine eher unglückliche Figur – so lange, bis er schließlich überhaupt keine mehr macht. Er kann dem Igel zwar seine leckeren Mäuse wegnehmen, ihn selbst versucht er allerdings nicht zu vertilgen. Die Frage wäre ja auch, wie er das eigentlich anstellen sollte. Wie in der Fabel ausnahmsweise wahrheitsgetreu berichtet wird, rollt sich der Igel bei Gefahr zur Kugel zusammen und kann auf diese Weise zumeist den Angriffen von Hunden trotzen. Weshalb das Hündchen in einer Fabel nach einem schmerzhaften Biss auch sagt:

»Pfui, welch stachliges Fell hast du!
Wer dich streichelt, dem tut's nicht gut,
dringet ihm durch gleich bis aufs Blut!«
Das Hündchen zog ein krumm Gesicht:
»Igel, geh hin, ich mag dich nicht.«

Allerdings ist es leider nicht so, dass Hunde Igeln überhaupt nichts anhaben könnten. Nicht jeder beweist so viel Ausdauer wie unsere Daisy Wutz, wenn sie schmollt. Geduldet sich der Hund also nur lang genug, guckt der Igel irgendwann wieder aus seinem Stachelhäuschen, und schon kann ihn der Mistkerl in die Nase beißen und Schlimmeres. Manch ein Hund, den der Rappel packt, nimmt auch ein blutendes Maul in Kauf, Hauptsache, er kann den Igel zur Strecke bringen.

Versucht es der Hund gegebenenfalls mit Geduld oder Brachialgewalt, werden dem Fuchs zwei üble Tricks zugeschrieben, um Igel zum Aufrollen zu bewegen. Wilhelm Busch setzte den einen in seiner Bildergeschichte »Der unverschämte Igel« zeichnerisch wie folgt um:

Auf dem ersten Bild ist der Igel zu sehen, der liebend gern das nette gemütliche Nest des Hasen bewohnen würde. Der Hase guckt ihn scheel mit einem Auge an, setzt auf stummen Widerstand und denkt nicht daran, freiwillig das Feld zu räumen. Der Igel aber auch nicht. Man sieht ihn nachdenken, was zu tun sei, und auf dem zweiten Bild folgt dann die Umsetzung seines frisch gefassten Entschlusses. Er stellt die Stacheln kreuz und quer und rempelt den Hasen aus seinem Häuschen. Der so uncharmant behandelte Hase ergreift in großen Sprüngen die Flucht.

Wie man dem nächsten Bild entnehmen kann, bleibt er aber in der Nähe, denn vermutlich hat er schon den Fuchs erspäht, der eben um die Ecke kommt. Wir sehen also Hasenohren weit, weit im Hintergrund, vorne eine Stachelkugel und daneben den Fuchs.

Auf dem vierten Bild schließlich liegt der Igel auf dem Rücken, alle viere von sich gestreckt, und der Fuchs ist offensichtlich drauf und dran, ihn sich einzuverleiben. Was passiert ist, kann man lediglich anhand der vielen Tropfen erschließen, die den Igel umgeben. Der Kundige kennt nämlich die List, die der Fuchs angeblich anwendet: Er bepinkelt den zusammengerollten Igel. Und weil das so barbarisch riecht und Igel ein feines empfindsames Näschen haben, ekelt sich der Benässte, entrollt sich … und das war's.

Wir weigern uns, so eine Räuberpistole zu glauben, auch wenn sie unser viel geliebter Brehm referiert – allerdings weiß er das auch nur vom Hörensagen. Er kennt übrigens, wie wir sehen, auch den zweiten Trick:

»Der Fuchs soll, wie versichert wird, dem Igel eifrig nachstellen und ihn auf niederträchtige Weise zum Aufrollen bringen, indem er die Stachelkugel langsam dem Wasser zuwälzt und sie da hineinwirft oder sie so dreht, dass der Igel auf den Rücken zu liegen kommt, und ihn sodann mit seinem stinkenden Harn bespritzt, worauf sich der arme Geselle verzweifelt aufrollt, im gleichen Augenblicke aber von dem Erzschurken an der Nase gefasst und getötet wird. Auf diese Weise gehen viele Igel zugrunde, zumal in der Jugend.«

Wir freuen uns von Herzen über das Wort »Erzschurke«, weil es zeigt, dass auch Brehm dem Igel gewogen ist, und den Fuchs ebenso wenig leiden mag wie wir. Jedenfalls dann, wenn er Igel frisst. Wieso sollte das aber einem Fuchs eher gelingen als einem Hund? Mag sein, dass der ein oder andere sich gern ein blutiges Maul holt und daher zuweilen einen Igel erwischt. Aber das mit dem Wasser … Wie oft, wenn Fuchs und Igel sich begegnen, ist gerade ein Gewässer zur Hand? Nee, nee, rasch auf den Müll damit!

Nicht vergessen sei auch das alte griechische Sprichwort: »Der Fuchs weiß viel – nur eines, doch von großem Wert, versteht der Igel.«

Außerdem sind Fuchs und Igel in den vielen Fabeln und Geschichten, in denen sie zusammen vorkommen, vielleicht nicht die dicksten Freunde, aber durchaus auch nicht immer Feinde. Wir können unseren kleinen Freund in einer Äsopschen Fabel sogar als hilfreichen, mitleidigen Freund präsentieren. Was wir natürlich gern tun:

Ein Fuchs schwimmt aus unbekannten Motiven durch einen Fluss, steigt, am anderen Ufer angelangt, pitschnass an Land und bleibt prompt mit dem buschigen Schwanz in einem

Gestrüpp hängen. Um was für eine Art von Gestrüpp es sich handelt, wird nicht gesagt. Es muss aber ein recht dorniges gewesen sein – nehmen wir an, damit die Sache glaubhaft wird. Gut. Er steht also pudelnass da und zerrt und zerrt. Derweil stürzen sich die Bremsen auf ihn und zerstechen ihn mörderisch.

Da kommt der Igel des Weges. Er stutzt, betrachtet den am Dornenstrauch hängenden, zerstochenen Fuchs und sagt schließlich mitleidig: »He, Nachbar, geh ich recht in der Annahme, dass du ein klein wenig in der Klemme sitzt? Soll ich dir vielleicht, wenn du schon festhängst, die Bremsen vom Hals wedeln, die dir das Blut aussaugen?«

»Ich dank auch schön, bester Igel«, entgegnet höflich der Fuchs, »aber lieber nicht.«

»Aha«, meint der Igel, »es geht mich ja nichts an, aber wieso nicht?«

»Ja, siehst du«, ist die weise Antwort, »diese Bremsen sind inzwischen rappelvoll mit meinem Blut. Wenn du sie jetzt fortjagst, kommen neue, die sich noch nicht voll gefressen haben. Die fallen mich an und saugen mir den letzten Tropfen aus, bis ich tot umfalle.«

Das Dumme an der Geschichte ist, dass wir nicht wissen, wie sie ausgeht. Der Igel wird schnüffelnd weitergezogen sein … aber der Fuchs?

Apropos Fuchs und Schwanz und Igel. Sogar heutzutage noch, lange, lange nach Äsop, La Fontaine und ihresgleichen, werden alle drei in einem Atemzug erwähnt, und zwar vornehmlich in einem Witz, der im Internet kursiert. Und da er ein Zeitzeugnis ist, soll er hier wiedergegeben werden:

Ein Igel geht im Wald spazieren und fällt in ein Loch. Kommt ein Fuchs vorbei.

Der Igel ruft: »He, kannst du mich rausholen?«

Der Fuchs sagt: »Klar, kein Problem, Igel.« Hängt seinen Schwanz in das Loch, und der Igel kann rausklettern.

Am nächsten Tag läuft der Igel durch den Wald und fällt wieder in das Loch. Diesmal kommt das Kaninchen vorbei.

Igel: »Kannst du mich rausholen?«

Kaninchen: »Klar, ich lauf nur schnell nach Hause, hol ein Seil und komm mit meinem Porsche.«

Und die Moral von der Geschichte: Wer keinen Schwanz hat, braucht einen Porsche.

Man sieht, es könnte sich glatt um eine moderne Äsopsche Fabel handeln. Nur wäre der Igel da längst nicht so blöd, gleich zweimal in dasselbe Loch zu fallen!

Aus alldem lernen wir aber, dass Fuchs und Igel wenigstens in Fabeln und Witzen eigentlich einander höflich und hilfsbereit begegnende Nachbarn sind. Nix mit Fressen und Feindschaft und so!

Der Dachs dagegen kann in der Tat ein übler Geselle sein, was Igel betrifft. Er frisst, was ihm in den Weg kommt, und wir wissen definitv, dass er sich auch mit Igeln anlegt. Und ist Letzterer klein und der Dachs groß, nützen die Stacheln nicht mehr viel. Und Gleiches gilt auch für die großen Eulen, insbesondere die Uhus, deren Klauen problemlos durch die Stacheln reichen.

Aber Dachse sind nicht eben häufig, und wie viele Uhus gibt es hierzulande noch? Sie sind es jedenfalls nicht, die unsere Igel stark dezimieren. Sie nicht, nicht die Waldohreulen, und auch nicht die Füchse. *Wir* sind es. Und wir waren es. Wir *sind* es aufgrund der Autos und der Umweltzerstörung.

Wir *waren* es – wodurch?

Bewaffneter Friede

Ganz unverhofft an einem Hügel
sind sich begegnet Fuchs und Igel.
Halt, rief der Fuchs, du Bösewicht!
Kennst du des Königs Ordre nicht?
Ist nicht der Friede längst verkündigt,
und weißt du nicht, dass jeder sündigt,
der immer noch gerüstet geht?
Im Namen seiner Majestät,
geh her und übergib dein Fell.
Der Igel sprach: Nur nicht so schnell.
Lass dir erst die Zähne brechen,
dann wollen wir uns weiter sprechen!
Und allsogleich macht er sich rund,
schließt seinen dichten Stachelbund
und trotzt getrost der ganzen Welt,
bewaffnet, doch als Friedensheld.
(Wilhelm Busch)

Besser nicht lesen!

Es war einmal ein König, der ließ in seinem Reich verkünden, er werde denjenigen großzügig belohnen, der ihm das beste Fleisch bringen würde. Seine Untertanen kamen zuhauf mit ihren Tieren, damit der König selbst entscheiden könne, welches Fleisch ihm am besten schmeckte. Schließlich stellte sich auch ein Zigeuner am Hof ein und brachte einen gekochten Igel mit. Der König probierte auch von dessen Fleisch und befand, dass es das Köstlichste von allen war. Die anderen Untertanen waren neidisch, weil sie nun leer ausgingen und brachten den Zigeuner um. Von da an aßen nur die Zigeuner Igel.

Ein grausliche Geschichte, die aber leider einen nur allzu wahren Kern hat. Der Igel trotzte in Wilhelm Buschs Gedicht mit seinem Stachelbund dem Fuchs, und er hat auch eine reelle Chance gegen Eulen, Dachse und Hunde. Gegen uns Menschen nützt ihm aber alles Einrollen nichts.

Die Sinti packten die getöteten Igel, wie wir schon als Kinder mit Schaudern erfuhren, in Lehm und garten sie dann wie Kartoffeln in der Glut ihres Lagerfeuers. Entgegen der Aussage in der Geschichte sind es aber keineswegs nur sie gewesen, die auf Igelfleisch erpicht waren. Wir erinnern uns an das Rezept der heiligen Hildegard …

In einem alten Kochbuch heißt es, dass Igel am besten in Honig mariniert, auf einen Spieß gesteckt und über dem offenen Feuer geröstet werden. Und wieder andere rieten, Igel abzuziehen und sie als Pastete zuzubereiten oder einzumachen, wobei als Deckel für die Einmachgefäße passenderweise die Haut verwendet werden konnte.

Uns wird ganz schlecht, und so verzichten wir unbedingt auf weitere ähnliche Tipps und pflichten voll und ganz einem Autor des 14. Jahrhunderts bei, der da von einem aus Hammel hergestellten so genannten Igelgericht sagte: »Es ist teuer, eine Menge Arbeit, und es kommt wenig dabei heraus – also nichts weiter davon.«

Und zur Auflockerung dieses ansonsten betrüblichen Kapitels sei hier eine zum Thema passende Vers-Fabel aus dem Jahre 1780 eingeschoben:

> Der Löwe saß auf seinem Thron von Knochen
> und sann auf Sklaverei und Tod.
> Ein Igel kam ihm in den Weg gekrochen,

Ha! Wurm!, so brüllte der Despot
und hielt ihn zwischen seinen Klauen:
Mit einem Schluck verschling' ich dich!
Der Igel sprach: Verschlingen kannst du mich;
allein, du kannst mich nicht verdauen.

Hoffen wir also, dass dort, wo sogar heutzutage noch Igel gegessen werden (wie etwa in Albanien), analog zur Fabel zumindest Verdauungsschwierigkeiten die Folge sind!

Wir können dieses Thema aber noch nicht abschließen, denn das war leider längst nicht alles, was es hierzu zu sagen gibt. Igel wurden nämlich nicht nur gegessen, sie wurden auch aus allerlei anderen Motiven heraus getötet. In der Antike war der wichtigste Grund ein rein kommerzieller, und einer, um dessentwillen es recht viel Streit gab. Plinius erklärt es uns:

»Das Tier selbst ist nicht, wie die meisten von uns glauben, für das menschliche Leben überflüssig; denn, gesetzt man hätte seine Stacheln nicht, so wäre die weiche Wolle des Schafes dem Menschen umsonst gegeben; denn mit diesem Felle glättet man die Stoffe.« Den ersten Satz wollen wir überhört haben: Wer hielte den Igel schon für überflüssig!

Die Igelfelle spielten jedoch eine so große Rolle in der antiken Tuchfabrikation, genauer gesagt, beim Karden der Wolle, dass es, wie Plinius uns weiter informiert, wegen des großen Gewinnes beim Alleinhandel zu vielen Betrügereien kam. Über nichts wurden häufigere Senatsbeschlüsse gefasst, und kein Kaiser blieb von diesbezüglichen Klagen aus der Provinz verschont. Arme, kleine griechische und römische Igel!

Dass so viele Igel deshalb sterben mussten, ist schlimm genug. Auf welche Weise sie sterben mussten, ist aber noch viel übler. Wir würden es gern verschweigen, aber es gehört nun einmal dazu, und es ist ja glücklicherweise auch lange her. Plinius erzählt, dass sich die Igel, wenn sie gefangen werden, mit einem ätzenden Harn besudeln. »Daher besteht die Kunst darin, sie erst dann zu jagen, wenn ihre Harnblase entleert ist, und nur dann hat ihr Balg einen vorzüglichen Wert, sonst aber ist er verdorben, zerbrechlich mit mürben und ausfallenden Stacheln, selbst wenn sie sich durch die Flucht entzogen haben und am Leben geblieben sind.

Deshalb übergießt sich der Igel mit dieser beizenden Lauge nur dann, wenn alle Hoffnung geschwunden ist, denn sie verabscheuen auch selbst ihr eigenes Gift, suchen sich so zu schonen und warten bis zum letzten Augenblick, so dass sie daher fast immer vorher von der Gefangenschaft überrascht werden.

Danach öffnet man das wie eine Kugel zusammengerollte Tier durch Besprengen mit heißem Wasser, packt es an einem Hinterbein, hängt es daran auf und lässt es Hungers sterben. Anders ist es nicht möglich, den Igel zu töten und dabei sein Rückenfell zu schonen.«

Wir haben keine Lust nachzuforschen, ob der Grund für diese barbarische Maßnahme auf Wahrheit beruht oder nicht. Bloß weg von diesem Thema! Erinnert hat uns das lediglich an die Eiderenten, die wahrhaft eklig stinkenden Kot auf ihr wunderbar mit Daunen ausgepolstertes Nest und die Eier spritzen, wenn sie überrascht werden.

Noch sind wir mit den schrecklichen Dingen, die mit Igeln angestellt wurden, allerdings nicht am Ende. Denn Griechen und Römer, aber nicht nur sie, sondern auch unsere Vorfahren, schätzten den Igel, den toten Igel, versteht sich, und dessen Bestandteile unter anderem als Medizin für die unterschiedlichsten Krankheiten. Igelöl gab es in Apotheken zu kaufen, denn es wurde als wahres Universalmittel gerühmt, und sein Fett erst! Jeder Kundige wusste, dass es, auf den Bauch und überhaupt irgendwohin geschmiert, vor allen ansteckenden Leiden schützte, und zwar selbst dann, wenn man mit einem Kranken im selben Bett gelegen hätte! Außerdem heilte es

Wunden und kurierte obendrein das Podagra. Der Igel musste dafür aber in den »Frauendreißigern« (den Tagen zwischen Mitte August und Mitte September), und zwar am besten am 15. August gefangen werden. So wenigstens wusste man es in Bayern.

Aber es geht noch weiter: Die Igelmilz half gegen Milzleiden, und Dioskurides, ein griechischer Arzt des ersten nachchristlichen Jahrhunderts, informiert über die medizinischen Vorzüge anderer Igelbestandteile: »Die gebrannte Haut des Landigels ist mit Teer als Einreibung ein geeignetes Mittel bei Fuchskrankheit (Haarausfall). Das getrocknete Fleisch, mit Honig oder Sauerhonig gegessen, hilft denen, die an Nierenkrankheit, an Wasser unter dem Fleisch, an Krämpfen und schlechter Körperbeschaffenheit leiden, trocknet aber auch die Eingeweideflüsse. Die Leber desselben, getrocknet und in einem irdenen Gefäße, welches in der Sonne gebrannt ist, aufbewahrt, eignet sich, in gleicher Weise dargereicht, gegen dieselben Leiden.«

Und für den, der all das nicht im Kopf behalten konnte, wurden in späterer Zeit die diesbezüglichen Aktivposten des Igels auch noch in Verse gefasst:

> So man den Igel tut zu puren Aschen brennen,
> sie hilfet denen, die den Harn nicht halten können.
> Die Leber trocknet man und nimmt sie also ein,
> dient in der Wassersucht und stillt der Nieren Pein.
> Die innerliche Haut des Magens trocknen tut,
> gepulvert nehmt sie ein, ist der Kolik gut.
> das Igelschmalz das tut man allermaßen loben,
> bei Brüchen, so man sich gar schwer hat überhoben.

Fehlt nur noch das Blut: Getrocknet und pulverisiert sollte es die Blasen- und Nierensteine abtreiben. Frisch in eine Schüssel gefüllt, zog es dagegen alle in einem Haus vorhandenen Flöhe an. Immerhin ausnahmsweise einmal gut beobachtet, dass Igel zuweilen eine ganze Menge Flöhe mit sich herumtragen.

Überhaupt die Flöhe! Darüber heißt es in einem älteren Text: »Wenn du alle Flöhe, so in einem Haus sind, auf einem Haufen willst zusammenbringen, so nimm einen Stecken, schmiere denselben mit Fuchs- oder mit Igelschmalz, stelle ihn wo du willst, so setzen sich alle dran.« Womit auch der folgende Vers verständlich wird:

> Dann auch die Kammer war besprengt
> und Igelschmalz darein gehenkt.

Ach, der Igel allein bildete, wie man sieht, ein ganzes Apothekerschränkchen, und wir könnten die Liste durchaus noch eine Weile fortsetzen. Wir denken allerdings, dass es reicht. Die düsteren Zeiten, wo Igel an einem Bein aufgehängt und zu medizinischen Zwecken ausgeschlachtet wurden, sind wenigstens bei uns hoffentlich für immer vorbei. Im Orient werden allerdings noch heute Igelbälge auf den Märkten angeboten, dienen Haut, Galle, Leber und Eingeweide, wie früher bei uns, als Heilmittel gegen die unterschiedlichsten Leiden und werden einzelne Stacheln oder der rechte Kieferknochen als Amulett gegen den Bösen Blick getragen. Der Rauch verbrannter Stacheln und das Fett sollen dazu beitragen, die Potenz des nervösen Bräutigams sicherzustellen: Er braucht sich sein bestes Stück nur damit zu beräuchern beziehungsweise einzureiben.

Es grenzt schon an ein kleines Wunder, dass die Igel diese ganze Metzelei (und den modernen Straßenverkehr obendrein) überhaupt überlebt haben. Aber es gibt sie unbestreitbar immer noch. Und das, obwohl sie sich doch eigentlich gar nicht vernünftig begatten können …
Bevor wir uns aber mit diesem höchst interessanten Thema befassen, sei hier zum Aufatmen noch ein nettes Märchen eingestreut.

Der Igel, Allah und der Padischah aller Tiere

Der Prophet Suleiman – so wussten die Kasan-Tataren zu berichten – war der Padischah aller Tiere. Allah liebte ihn und fragte ihn, ob er ewig oder bis zur Grenze des Menschenlebens leben wolle. Suleiman konnte diese schwere Entscheidung nicht allein treffen und rief alle Tiere zusammen, um ihren Rat zu hören. Sie aber sagten, er möge bis zum Jüngsten Tage leben. Als die Beratung ihr Ende nahm, sah man, dass der Igel nicht gekommen war. Der Padischah schickte also erst das Pferd zu ihm, aber er hatte keine Lust mitzugehen. Daraufhin sandte Suleiman den Hund aus, und da endlich bequemte sich der Igel, ihm zu folgen. Suleiman fragte den Igel, warum er nicht mit dem Pferd gekommen sei. »Das Pferd ist dumm«, meinte der Igel, »schließlich trägt es jeden auf seinem Rücken. Der Hund dagegen bleibt seinem Herrn treu.«

»Wahr ist dein Wort«, sagte der Prophet. »Nun sieh, Allah erlaubte mir zu wählen, was ist dein Rat?«

»Ich sage dir, wolle nicht bis zum Jüngsten Tage leben, sondern lebe, bis du stirbst!«

»Warum?«, fragte Suleiman verwundert.

»Schau«, meinte der Igel geduldig. »Heute verehrt dich zwar jeder. Es wird aber eine Zeit kommen, in der ein neues Geschlecht dich missachtet und dich deiner Macht beraubt.«

Der Prophet dachte nach und sah ein, dass der Igel Recht hatte. Die übrigen Tiere aber zürnten ihm sehr, und damit sie ihm nichts anhaben konnten, bat der Prophet Allah, er möge dem Igel ein Stachelkleid geben. Deshalb kann ihn kein Tier berühren, und der Mensch kann ihn nicht plagen, sein Fleisch kann keiner essen, weil er sich zusammenrollt und voller Stacheln ist.

Wenn sich die Igel küssen

Der Igel sprach zur Igelin:
»Du weißt nicht, wie verliebt ich bin.
Ich liebe dich wie nichts so.«
Dann drückte er sie fest an sich,
worauf sie schrie:
»Auch ich lieb dich,
doch lass das sein,
du stichst so.«

Jaja, nicht nur Heinz Erhardt beliebte, über die Liebe der Igel seine Witzchen zu reißen. Das ist ein alter Hut. Noch älter aber ist der Glaube, der Stacheln wegen könnten die Igel sich nicht wie gewöhnliche Tiere paaren, sondern müssten das irgendwie anders zuwege bringen. »Anders« war selbstredend gleichbedeutend mit »unnormal«, gleichbedeutend mit »ferkelig«.

Jemand, der so etwas behauptet – nicht das »ferkelig«, sondern das »anders« –, kann nur jemand gewesen sein, der nie näher mit Igeln zu tun hatte. Wie offensichtlich Aristoteles, der da schrieb, der Igel paare sich mit seiner Frau aufrecht stehend und »umgekehrt miteinander verbunden«, wegen der Stacheln auf dem Rücken nämlich. Sie würden ihn stechen, wenn er sie … Bauch an Bauch paarten sie sich also. Und nicht Rücken an Rücken, wie arabische Autoren lange Jahrhunderte mit Vorliebe behaupteten. Zur aristotelischen Paarungsweise bemerkt Konrad von Megenberg, dass er das wohl glaube, weil es so zwar »unkeusch«, aber doch »gemachsamer« sei.

Überhaupt trifft sich das gut, weil er, der männliche Igel nämlich, sein »Gemächt«, wie es bei Albertus Magnus heißt, »an den Lenden« habe wie das Geflügel. Obwohl … wie begattet der Spatz seine Spätzin? Gehen wir lieber nicht zu sehr ins Detail und begnügen uns mit der Feststellung, dass mal wieder einer dem anderen etwas nachplapperte, ohne einmal nachzusehen, wie es sich tatsächlich verhielt. Und zwar, man glaubt es kaum, bis ins 20. Jahrhundert hinein!

Bis dahin stellte also niemand diese Angaben besonders lautstark in Frage; keiner von denen, die wussten, dass Igel keineswegs immer stacheln, sondern sich glatt und weich anfühlen können wie ein Kinderpopo. Na, vielleicht nicht ganz so, aber fast.

Wenn zwei Igel sich küssen, wie es in einem Kinderlied heißt, müssen müssen müssen sie zwar ganz, ganz behutsam sein, aber das sind sie ohnehin, wenn sie sich nicht gerade in der einen oder anderen Weise und über dies oder das ärgern müssen.

Behutsam, ja … leise aber durchaus nicht, wie vielleicht am drastischsten eine Zeitungsnotiz belegt, die da lautete:

»Zwei liebestolle Igel haben im oberschwäbischen Amtzell die Polizei auf den Plan gerufen. Ein Bürger der Gemeinde hatte bei der Polizei angerufen, weil er sich über seltsame Geräusche in der Gartenhecke seines Hauses wunderte. Die ganze Familie glaubte, dort habe sich ein tollwütiges Tier versteckt, und traute sich deshalb nicht mehr aus dem Haus, berichtete die Polizei. Die Beamten alarmierten schließlich den zuständigen Jäger, und der kam den Furcht erregenden Geräuschen schnell auf die Spur. Es waren zwei Igel, die sich hemmungslos und ziemlich lautstark dem Liebesspiel hingegeben hatten. Die beiden Tierchen wurden verscheucht, und die Familie konnte sich wieder ihres Gartens erfreuen.«

Warum wurden die Tierchen verscheucht, wo sich doch herausgestellt hatte, dass es sich nicht um tollwütige Monster handelte? Wir wären mit diesen Gartenbesitzern sicher nicht gut Freund geworden. Wie dem auch immer sei, jedenfalls waren das keine besonders leidenschaftlichen Igel, keine Ausnahme unter ihresgleichen, denn eigentlich geht alles bei ihnen geräuschvoll zu: das Marschieren, das Essen und ... die Liebe.

Unsere verschiedenen Nachbarn waren ebenso wie wir selbst beeindruckt, als sie die zahlreichen in und um den Garten wohnenden Igel zum ersten Mal »balzen« hörten. Eine Frau erklärte am anderen Morgen: »Meine Güte, Ihre Igel schnarchen aber laut!«

Wie die Stachelmöpse aber miteinander anbandeln, lassen wir einen anderen erzählen. Wir erinnern uns an den Igel, der schon die halbe Lüneburger Heide entvölkert hatte und anschließend auch noch eine Kreuzotter verdrückte. Hermann Lönsens Igel. Der war mit seinem abendlichen Rundgang nämlich noch nicht zu Ende. Immerhin ist er inzwischen endlich satt. Und um zehn Uhr abends trifft er unvermutet auf eine Igelin, die gerade mit einem Tauwurm zugange ist.

»Wie besessen stürzt der erste Igel auf ihn [er meint die Igelin] zu. Blitzschnell wendet der andere sich um und beißt nach ihm. Verdutzt bleibt der Erste sitzen, dann nähert er sich wieder dem anderen. Wieder setzt es einen Hieb, wieder gibt es eine Verlegenheitspause, und so zehnmal und noch zehnmal. Und dann schlägt der erste Igel eine neue Taktik ein. Schnaufend und fauchend trippelt er um den anderen und versucht, sich ihm von hinten zu nähern, dieser aber dreht sich schnaufend und fauchend fortwährend im Kreise herum und wehrt jeden Annäherungsversuch mit einem blitzschnellen Bisse ab. Schließlich sitzen sie sich beide gegenüber, dass ihre Schnauzen sich fast berühren, und verschnaufen, der Igel überlegend, wie er sich wohl beliebt machen könne, die Igelin immer zur Abwehr bereit.

Bisher war der Igel immer von rechts nach links um seine Auserkorene herumgetrippelt; jetzt versuchte er es in der umgekehrten Richtung. So muss auch die Igelin von links nach rechts sich im Kreise drehen. Wenn er sie zehn-, zwölfmal umkreist hat, wird er plump vertraulich. Dann setzt es von ihr aus einen Schmiss. Verdutzt bleibt er dann sitzen und überlegt den Fall, und sie bleibt auch sitzen. Sie sehen sich mit ihren kleinen schwarzen Augen an, Nase an Nase, bis er wieder Mut bekommt und von neuem um sie herumtrippelt, jetzt von links nach rechts, nach dem nächsten Hiebe von rechts nach links, dann wieder umgekehrt und so weiter.«

Bei Löns vergehen noch etliche Stunden, bis der Igel endlich zu Potte kommt oder kommen darf, aber immerhin kriegt er, was er so unbedingt wollte. Unser Sir Gilbert, den wir extra adelten, damit Miss Daisy ihn trotz seiner unbedeutenden Körpergröße nicht schief ansah, hatte da weniger Glück. Bei ihr wenigstens. Geschnaufe und Gepruste und im-Kreis-Drehen gab's genug, aber die meiste Zeit marschierte er in ihrem rundlichen Kielwasser hinter ihr her. Vergeblich. Vielleicht hat er deshalb so schnell unseren Wintergarten wieder verlassen und sich weit oben unter einem Apfelbaum in einem Reisighaufen eingebuddelt, wo wir ihn noch ein paar Tage herumwirtschaften hörten.

Er war verständlicherweise frustriert und hätte sicher Alfred Brehm beigestimmt, der da sagte, der Igel habe »ebenfalls seine Not, um ein Weib an sich zu fesseln«. Aber Sir Gilbert war frisch aufgepäppelt und entfloht, weshalb er seinen Beinamen »con pulci« – was so viel wie »mit Flöhen« bedeutet, nur viel schicker klingt – kurzzeitig wenigstens ablegen durfte. Mit anderen Worten: er war mordsproper und fand bestimmt bald eine willigere Igelin, mit der er dann viele kleine Igelchen zeugte, um anschließend wieder seinen verschiedenen Geschäften nachzugehen.

Sie dagegen, wer immer sie nun war, suchte sich in den nächsten paar Wochen ein verstecktes Plätzchen, sammelte Gras und Blätter und baute sich damit ein hübsches, weiches Nest. Und hoffte dann inständig, dass die Geburt noch ein Weilchen auf sich warten ließe. Sie zählte an ihren niedlichen Zehlein ab, wie viele Kleinchen es wohl werden würden, und malte sich aus, wie arg es wohl jedes Mal aufs Neue pieken würde, wenn eines nach dem anderen aus ihr herauskam. Allein bei der Vorstellung graute ihr so sehr, dass sie die Geburt mit geheimen Mitteln so lange wie irgend möglich hinausschob.

Keine Sorge, wir fangen nicht an, kindisch zu werden. Aber genau das glaubte man von den Igeln: Dass sie absichtlich die Geburt hinauszögern. Und sagte es und schrieb es auf für die Ewigkeit.

Und dabei stacheln sie doch gar nicht, die Kleinchen. Anfangs wenigstens. Da sind Igel wie Stacheln nicht nur rosarot, die Stächelchen sind auch gut in der Rückenhaut verpackt. Unsere unbekannte Igelin hat sich also in Wahrheit nicht die allergeringsten Sorgen gemacht, sondern nach Igelart gemütlich in den Tag hineingelebt, bis es nach etwa fünf Wochen endlich so weit war. Ob sie Sir Gilbert vermisst hat? Sie ihn und er sie?

Wir geben es äußerst widerwillig zu, es ist der einzige Makel, den wir an den Igeln entdecken konnten: Mit der Treue haben sie es nicht. Man trifft sich ein- oder zweimal im Jahr zu einem ganz konkreten Zweck, schnauft ein paar Stunden, pufft ein paar Stunden, rackert sich ein wenig ab – und die übrige Zeit geht man sich nach Möglichkeit aus dem Weg. Keine Rede von ewiger Liebe und goldener Hochzeit. Das überlassen die Igel den Gänsen und den Menschen. Für sie gibt es nichts Besseres, als allein und sorglos in den Abend hineinzuschnuffeln und ihr Revier zu durchwandern.

Was das Revier angeht, sind wir übrigens mal wieder auf absolut gegensätzliche Aussagen gestoßen, und diesmal stammen sie nicht einmal aus unaufgeklärter Zeit, sondern aus der jüngsten Vergangenheit. Da sagt der eine Zoologe (Roger Fons im neuen Grzimek), Igel würden ihr Revier leidenschaftlich verteidigen. Und da sagt ein anderer, ein hervorragender Igelkenner (Pat Morris), die Verteidigung des Territoriums gehöre *nicht* zum Verhaltensrepertoire des Igels. »Igel brauchen Ellbogenfreiheit, kein Königreich«. Weshalb sich auch ausgewilderte Tiere prächtig in bestehende Igelpopulationen integrieren.

Ist es nicht erstaunlich, wie es noch in heutiger Zeit, in Bezug auf ein altbekanntes, viel untersuchtes, häufig vorkommendes und einheimisches Tier so unterschiedliche Aussagen geben kann? Wir halten es jedenfalls mit Pat Morris, der mehrere Studien durchführte und Igel auch mit Sendern ausstattete. Auch unsere eigenen Erfahrungen bestätigen seine Aussage: Fünf ausgewachsene Igelbuben wohnen in unserem Garten und gehen ausgesprochen höflich miteinander um. Trifft einer zufällig mal auf das Tagesversteck eines anderen, wird er, wie wir selbst sahen, vom unwirschen Bewohner hinausgeschubst – und das war's.

Außerdem passt es zum *eigentlich* freundlichen Wesen des Igels, keine Platzhirsch-Attitüden zu entwickeln. Und, wie Pat Morris meint: »Warum sich mit Revierkämpfen abplagen und Energie verschwenden, wenn es nicht nötig ist?«

Wird's allerdings zu eng, und geht es ums eigene Nest, hört der Spaß auf. Auch für unsere Daisy Wutz beispielsweise, die ziemlich sauer wird, wenn eine der Schwesterchen Brontë es wagt, bei ihr einzudringen. »Es gibt Heuhaufen genug«, findet sie, »sucht euch einen anderen Platz«. Und dann stellt Anne Brontë die Kopfstacheln schief, so dass sie aussieht, als hätte sie sich eine flotte Mütze schräg über den Kopf gestülpt, und leistet passiven Widerstand gegen die rempelnde Daisy. Charlotte Brontë dagegen bietet den Problemen die Stirn und pufft dabei wie eine kleine Dampflok. Und so stehen sich die beiden Damen manches Mal minutenlang gegenüber, und keine weicht auch nur ein Zentimeterchen, die eine schnaufend, die andere auf ihr schieres Gewicht vertrauend.

Aber wir müssen Daisy doch in Schutz nehmen. Als wir die Schwesterchen nämlich gerade so weit aufgepäppelt hatten, dass sie über dreihundert Gramm wogen, durften sie zum ersten Mal in den Wintergarten, sich die Beinchen vertreten. Daisy Wutz war gerade für den Winter zurückgekommen und schlief in einem der zahlreichen Extra-für-Igel-Haufen. Die drei Kleinen durchstöberten jeden Winkel des immerhin etwa vierzig Quadratmeter großen Raumes, krochen laut knatternd durch die Pflanzen, und es war nur eine Frage der Zeit, bis Emily Brontë auf die friedlich vor sich hin schnarchende Daisy stieß.

Das Schnarchen hörte abrupt auf, wir hörten es fauchen und machten uns schon bereit, die Kleine zu retten; aber siehe da, der Haufen ruckelte ein wenig, und dann wurde es still um die beiden. Als wir vorsichtig nachschauten, lag Emily gemütlich eingekuschelt neben Miss Daisy und schlief schon. Unsere Dicke dagegen gab zwar durch unentspannte Haltung und mürrische Miene ihre Missbilligung über den Nestzuwachs deutlich zu verstehen, sagte sich aber offensichtlich, am klügsten sei es wohl, einen solchen Wurm einfach zu ignorieren. Vielleicht verschwand er dann ja von selbst.

Auf eine ziemlich harte Probe wurde ihr bewundernswerter Stoizismus allerdings gestellt, als die anderen beiden Kleinen kurz darauf auch das gemütliche warme Nest entdeckten und sich hinzugesellten. Ein Weilchen hielt Daisy es aus, doch dann zog sie um. Und wo fanden wir die Schwesterchen kurze Zeit später? Wieder malerisch und tief schlafend um die gequält dreinschauende dicke Igelin herumdrapiert.

Ja, kleine Igel kuscheln gern, klettern auf der Mama herum, lecken sie ab und geben lieblich zwitschernde Töne von sich, die man ihnen nicht zugetraut hätte. Überhaupt steht den Igeln eine ganze Palette von Lauten zu Gebote, die nicht immer leicht zu beschreiben sind. Wenn sie unterwegs sind, tuckern sie gemütlich vor sich hin. Sie glucksen und puffen, zischen und schnauben und fiepen laut und wie ein Vogel nach der Mama, wenn sie abhanden gekommen ist.

Ein kleiner Igel, so wurde uns erzählt, quiekte immer durchdringend, wenn er, statt wie der Rest der Familie den ordentlichen, längeren Weg zu nehmen, als Abkürzung unter dem Gartentor durchkriechen wollte und regelmäßig stecken blieb. Von Angst- oder Schmerzensschreien wollen wir nicht reden, dagegen bleibt unbedingt die Igelpflegerin zu erwähnen, die sich intensiv um einen kranken Igel kümmerte und regelmäßig mit ihm sprach:

»Und dieses eine Mal, ich hatte meinen Singsang gerade beendet, antwortete er mit sehr heller Stimme: ›Niam, Niam!‹«

Eine Schürze voller Steine

In alter Zeit versammelten sich die Tiere und wollten die Sonne verheiraten. Klein und groß kam herbei, zu Fuß und zu Pferd. Der Igel setzte sich auf einen Esel. Während einer Rast warf er seinem Esel Steine zum Fraß vor. Die anderen Tiere sahen das, sagten aber nichts, weil sie immer nur darüber nachgrübelten, wen denn ihre Sonne heiraten solle. Nachdem sie endlich eine Wahl getroffen hatten, brachten sie der Auserwählten ihre Glückwünsche dar. Nur der Igel erschien nicht, weil er damit beschäftigt war, für seinen Esel Steine zu sammeln.

Die Tiere riefen nach ihm, und endlich kam er auch mit einer Schürze voller Steine. »Was wollt ihr denn von mir?«, brummelte er unwirsch.

»Ja weißt du denn nicht, dass du auch Glück wünschen musst?«, fragten die Tiere. »Und überhaupt … was willst du denn mit diesen vielen Steinen? Willst du dir ein Haus bauen?«

»Pah, Haus bauen«, sagte der Igel. »Die Steine sind für meinen Esel bestimmt. Er soll sich beizeiten daran gewöhnen, dass er sie statt Heu frisst. Denn wenn die Sonne geheiratet hat, wird Gott ihr viele Kinderchen machen. Und stellt euch dann die Hitze vor. Alles Gras wird verbrennen.«

Als die Tiere das hörten, bliesen sie die Sache mit der Hochzeit ab, die Sonne aber tauchte aus Enttäuschung ins Meer, und es ward dunkel auf Erden.

Die Tiere berieten entsetzt, was zu tun sei, und schließlich stellten sich ein alter, zerrupfter und ein frischer strammer Hahn ans Meeresufer. Der eine stand trübselig herum, der andere krähte vergnügt. Die Sonne war neugierig, steckte den Kopf aus dem Wasser und erkundigte sich schließlich, warum der eine gut gelaunt sei und der andere so abgerobbt und traurig.

»Tja«, sagte da der vergnügte Hahn, »der da ist verheiratet, du siehst ja, was dabei herauskommt. Ich dagegen bin ledig geblieben, und schau mich an! Ich bin dabei doch ziemlich gut gefahren!«

Als die Sonne das hörte, war sie froh, dass sie nicht geheiratet hatte, tauchte ganz auf, wärmte die Erde mit ihren Strahlen, und alles war gut.

Ein bisschen plemplem

Auf dem Tisch liegt ein Buch. Ein altes Buch mit Lederrücken. Auf dem Sessel direkt daneben sitzt ein kleiner Igel. Genauer gesagt, Charlotte Brontë. Sie hat gerade etliche Erdnüsse verknuspert und hat nun eigentlich vor, ein bisschen zu dösen und alle viere von sich zu strecken. Aber was ist das? Sie hebt das Schnäuzchen, wackelt mit ihrem feuchten Brombeernäschen und wittert ausgiebig.

Ja, und das, was sie da erschnuppert, riecht so interessant, dass sie aufstehen muss. Da hilft alles nichts. Sie marschiert los in Richtung auf das Buch, das jemand unvorsichtigerweise gerade eben abgelegt hat. Ein altes Buch, wie gesagt. Mit Lederrücken.

Kaum erreicht, wird das interessante Objekt beleckt, erst so nebenbei, mal sehen, abschlecken kann schließlich nicht schaden. Dann aber … Charlotte gerät in Fahrt. Die eine Ecke des Rückens wird immer dunkler. Nur gut, dass es ein Buch aus der Unibibliothek ist und nicht uns gehört!

Bald genügt Charlotte die Zunge nicht mehr, sie beißt in echter Raserei hinein. Nun reicht es aber. Das Buch wird ihr fortgenommen und auf die Heizung gelegt (die UB möge uns verzeihen, und es sieht ja inzwischen auch *beinahe* wieder wie neu aus).

Dass man ihr das überaus nette Ekstase spendende Spielzeug gnadenlos geraubt hat, kümmert Charlotte allerdings kein bisschen. Sie hat sich inzwischen selbstvergessen verrenkt und schmiert sich weißlich-braunen Schaum auf den Rücken. Weißlich von ihr selbst, braun vom Buchumschlag. *Eh-ke-lig* sieht das aus. Charlotte! Unsere propere, brave Charlotte benimmt sich, als hätte sie einen spastischen Anfall und obendrein die Tollwut.

Da hilft kein gutes Zureden. Bis sie nicht völlig zugeschleimt ist, ist sie nicht mehr ansprechbar.

Nun aber kommt die Medizinschachtel auf den Tisch und mit ihr eine kleine Tube Wundbalsam, weil ein anderer Pflegeigel verarztet werden muss. Zufällig sitzt direkt nebendran Anne Brontë in der Erdnussschale. Sie schnuppert, wackelt mit dem feuchten Brombeernäschen, steigt aus der Schale, geht zielstrebig auf das kleine harmlos daliegende Tübchen zu und packt es mit raschem Griff zwischen ihre kleinen, aber durchaus handfesten Zähnchen – und lässt vorerst einmal nicht mehr los. Ihr gehört dieses leckere kleine Ding da und niemandem sonst. Der arme zu verarztende Igel muss eben warten. Zumal sie für andere ihresgleichen ohnehin nicht viel übrig hat.

Dann aber gibt sie die Tube doch her, denn es lockt mit schier unwiderstehlichen Kräften der nächste Teil der Handlung. Da sitzt nun also das zweite Schwesterchen und zieht genau das gleiche Affentheater ab wie gerade eben Charlotte. Verdreht und verrenkt sich, hebt dabei mal die eine mal die andere kleine schwarze Vorderpfote, um auch ja ganz hinten auf den Rücken den schmierigen Schaum schmieren zu können, den sie irgendwo in ihrem Inneren produziert. Bei ihrem Bemühen, auch an den letzten Igelwinkel zu gelangen, schlägt das Rückenfell hässliche Falten, kippt die gesamte Igelin mehrfach beinahe um. Aber all das kümmert sie nicht im Geringsten.

Das dritte Schwesterchen, Emily der Schlaf-Ratz, beteiligt sich dagegen nicht an diesen Verrücktheiten. Sie zieht es stets aufs Neue vor, ihre Nase zwischen den Stäben des Sessels einzuklemmen und so halbstundenweise zu liegen, bis sie allesamt wieder in den Wintergarten verfrachtet werden. Sie bleibt auch in den darauf folgenden Tagen völlig cool, als die beiden anderen plötzlich entdecken, dass sich die Sesselstreben ebenfalls wunderbar dazu eignen, sie in schleimige Verzückung zu versetzen.

Die Streben sind vor ein paar Monaten mit Bienenwachs eingerieben worden, das wird es also sein. Seltsam ist allerdings, dass die Igel ebendiese bienenwächsernen Kiefernholzköstlichkeiten monatelang links liegen ließen, ihre potenziellen Möglichkeiten also offensichtlich erst jetzt im reifen Alter eines Siebenhundertfünfziggrammgewichtes erkannten. Bis auf Emily, wie gesagt. Sie liegt ja auch erst bei sechshundertfünfzig und träumt noch vom Weihnachtsmann, wenn sie, den Kopf zwischen die duftenden Streben geklemmt, vor sich hin döst. Sie wird von ihren Schwesterchen daher auch eindeutig nicht für voll genommen.

Gut, halten wir fest, dass vordem die Erdnüsse der magische Anziehungspunkt, das Zentrum des innerhäuslichen Igelausfluges waren. Jetzt hingegen sind es – da das faszinierende Lederrückenbuch und die Wundbalsamtube niederträchtigerweise ausgefallen sind – ganz klar die Sesselstreben. Nun liegen Charlotte und Anne allabendlich, die kleinen Speckbeinchen nach hinten gestreckt, ausnahmsweise friedlich nebeneinander und lecken hingebungsvoll am Holz, bis es an der Zeit ist, sich die Bienenwachs-Kiefernholz-Spucke auf den Rücken zu kleistern und dabei nicht unbeträchtliche Gymnastikübungen zu absolvieren.

Wenn wir ihnen, unseren eigentlich verständigen, klugen, wenn auch streitsüchtigen Igelchen dabei zusehen, trösten wir uns mit dem Bewusstsein, dass sie keineswegs die Einzigen sind, die zuweilen ausrasten. Jeder, der mit Igeln zu tun hat, kennt das merkwürdige Phänomen und berichtet von jeweils unterschiedlichen Auslösern. Denn es ist nicht etwa so, dass alle Igel auf das Gleiche abfahren würden. Lediglich Leder scheint allgemein beliebt zu sein. Auch Felle werden oft genannt. Ein Igel war in den Schwanz des braven Hausschäferhundes vernarrt, und wo immer der sich niederließ, war der Igel zur Stelle, um die Rute zu belecken und zu beknabbern. Stand der Hund unwirsch auf, um sich an einen ruhigeren Ort zu begeben, folgte ihm der Kleine auf dem Fuß, um sich sofort wieder über den leckeren Schwanz herzumachen.

Andere stehen auf Cremes und Parfüms, auf Schweiß oder auf Teppichfransen. Eine Betreuerin hatte Igel, die ganz versessen auf ein Kissen waren, aber nicht etwa auf irgendeines, nein, das Blaue musste es sein. Das Gelbe und das Rote wurden links liegen gelassen. Ein weiterer Igel schmierte sich Quark auf den Rücken, und wieder ein anderer eine dicke, grüne, säuberlich zerknatschte Raupe. Und zwei unserer eigenen Igel waren ausgerechnet verrückt nach einer kleinen, duftenden, gelben Primel. Die Hälfte ihrer Blütenblätter haben sie mit wahrem Fanatismus vertilgt und anschließend fein vermatscht über sich verteilt. Jetzt wissen wir also auch, wer im Wintergartenbeet die Blätter des Ziertabaks aufgefressen hat!

Um es kurz zu machen: Keiner weiß, was das Ganze soll. Bis heute nicht. Es fehlt nicht an Erklärungsversuchen, aber, wie schon aus dem Wort hervorgeht, sind sie allesamt unbewiesen. Wohl weiß man, dass das so genannte Jacobsonsche Organ – ein zusätzliches Riechzentrum mancher Tiere, darunter eben auch des Igels – dabei eine wesentliche Rolle spielt. *Dieses* Organ bekommt nämlich die Speichelpampe zuerst zugeführt, bevor sie auf dem Rücken landet.

So weit, so einigermaßen klar. *Warum* das aber geschieht, was also der tiefere Sinn dieser Prüfung durch das Jacobsonsche Organ ist, vermag keiner zu sagen. Die einen meinen, neue Gerüche und Geschmäcke würden auf diese Art und Weise »gespeichert«. Dann würde aber ein einmaliges Belecken und Weiterleiten genügen. Unsere beiden Schwestern belecken aber nun schon seit mehreren Tagen ihre Sesselstreben, die sie ja inzwischen zur Genüge kennen und abgespeichert haben dürften.

Andere vermuten, die Igel würden auf diese Weise ihr Stachelkleid von Parasiten säubern. Na ja. Die Igel hatten etliche Millionen Jahre Zeit, diese Reinigungsmaßnahme durch natürliche Auslese zu vervollkommnen. Wenn man aber sieht, wie viele Viecher häufig auf ihnen herumkrabbeln, Spucke hin, Spucke her ... Nein, das kann's wirklich nicht sein. Und dass sie damit ihre Stacheln *vergiften* würden, ist erst recht unglaubwürdig – da hat ein selbst ernannter Verhaltensforscher eindeutig zu viele Indianerfilme geguckt!

Manche Zoologen erklären, Igel würden dank der Selbstbespeichelung schwerer von Feinden gefunden werden; bei anderen ist zu lesen, dieses seltsame Verhalten hänge irgendwie mit der Fortpflanzung zusammen, sei also ein geschlechtliches Lockmittel.

Die letztgenannte Hypothese ist natürlich unbedingt nachvollziehbar: Welche Igelin würde nicht sofort in Liebe zu dem Igel entbrennen, der einladend nach Hundeschwanz oder zerknatschter grüner Raupe duftet!

Es ist nur leider so, dass auch ganz winzige, eindeutig präpubertäre Igelbabys schon mit diesem Unsinn anfangen, weshalb also auch *diese* Theorie – vornehm ausgedrückt – nicht restlos zu überzeugen vermag.

Was immer nun dahinter stecken mag, eines steht wenigstens für uns fest: Es macht den Igeln offensichtlich Spaß, sich zu beferkeln. Nein, »Spaß« ist das falsche Wort; »Wollust«, »Verzückung« schiene die Sache eher zu treffen. Sie sind regelrecht davon besessen. Wenn sie sich bespeicheln, vergessen sie alles um sich herum.

Nehmen wir es ihnen nicht übel. Igel haben in der heutigen Zeit ohnehin nicht viel zu lachen; da kann man ihnen ein bisschen Ekstase ab und an doch gönnen – oder?

Hans mein Igel

Es war einmal ein Bauer, der hatte Geld und Gut genug, aber wie reich er war, so fehlte doch etwas an seinem Glück: er hatte mit seiner Frau keine Kinder. Öfters, wenn er mit den andern Bauern in die Stadt ging, spotteten sie und fragten, warum er keine Kinder hätte. Da ward er endlich zornig, und als er nach Haus kam, sprach er: »Ich will ein Kind haben, und sollt's ein Igel sein.« Da kriegte seine Frau ein Kind, das war oben ein Igel und unten ein Junge, und als sie das Kind sah, erschrak sie und sprach: »Siehst du, du hast uns verwünscht.« Da sprach der Mann: »Was kann das alles helfen, getauft muss der Junge werden, aber wir können keinen Gevatter dazu nehmen.« Die Frau: »Wir können ihn auch nicht anders taufen als Hans mein Igel.«

Als er getauft war, sagte der Pfarrer: »Der kann wegen seiner Stacheln in kein ordentlich Bett kommen.« Da ward hinter dem Ofen ein wenig Stroh zurechtgemacht und Hans mein Igel darauf gelegt. Er konnte auch an der Mutter nicht trinken, denn er hätte sie mit seinen Stacheln gestochen. So lag er da hinter dem Ofen acht Jahre, und sein Vater war ihn müde und dachte, wenn er nur stürbe; aber er starb nicht, sondern blieb da liegen.

Nun trug es sich zu, dass in der Stadt ein Markt war, und der Bauer wollte hingehen, da fragte er seine Frau, was er ihr sollte mitbringen. »Ein wenig Fleisch und ein paar Wecke, was zum Haushalt gehört«, sprach sie. Darauf fragte er die Magd, die wollte ein paar Toffeln und Zwickelstrümpfe. Endlich sagte er auch: »Hans mein Igel, was willst du denn haben?« »Väterchen«, sprach er, »bring mir doch einen Dudelsack mit.« Wie nun der Bauer wieder nach Haus kam, gab er der Frau, was er ihr gekauft hatte, Fleisch und Wecke, dann gab er der Magd die Toffeln und die Zwickelstrümpfe, endlich ging er hinter den Ofen und gab dem Hans mein Igel den Dudelsack. Und wie Hans mein Igel den Dudelsack hatte, sprach er: »Väterchen, geht doch vor die Schmiede und lasst mir meinen Göckelhahn beschlagen, dann will ich fortreiten und will nimmermehr wiederkommen.«

Da war der Vater froh, dass er ihn loswerden sollte, und ließ ihm den Hahn beschlagen, und als er fertig war, setzte sich Hans mein Igel darauf, ritt fort, nahm auch Schweine und Esel mit, die wollt er draußen im Walde hüten. Im Wald aber musste der Hahn mit ihm auf einen hohen Baum fliegen, da saß er und hütete die Esel und Schweine, und saß lange Jahre, bis die Herde ganz groß war, und sein Vater wusste nichts von ihm. Wenn er aber auf dem Baum saß, blies er seinen Dudelsack und machte Musik, die war sehr schön.

Einmal kam ein König vorbeigefahren, der hatte sich verirrt und hörte die Musik: da verwunderte er sich darüber und schickte seinen Bedienten hin, er sollte sich einmal umgucken, wo die Musik herkäme. Er guckte sich um, sah aber nichts als ein kleines Tier auf dem Baum oben sitzen, das war wie ein Göckelhahn, auf dem ein Igel saß, und der machte die Musik. Da sprach der König zum Bedienten, er sollte fragen, warum er da säße, und ob er nicht wüsste, wo der Weg in sein Königreich ginge. Da stieg Hans mein Igel vom Baum und sprach, er wollte den Weg zeigen, wenn der König ihm wollte verschreiben und versprechen, was ihm zuerst begegnete am königlichen Hofe, sobald er nach Haus käme.

Da dachte der König: »Das kann ich leicht tun, Hans mein Igel versteht's doch nicht, und ich kann schreiben, was ich will.« Da nahm der König Feder und Tinte und schrieb etwas auf, und als es geschehen war, zeigte ihm Hans mein Igel den Weg, und er kam glücklich nach Haus. Seine Tochter aber, wie sie ihn von weitem sah, war so voll Freuden, dass sie ihm entgegenlief und ihn küsste. Da gedachte er an Hans mein Igel und erzählte ihr, wie es ihm gegangen sei, und dass er einem wunderlichen Tier hätte verschreiben sollen, was ihm daheim zuerst begegnen würde, und das Tier hätte auf einem Hahn wie auf einem Pferde gesessen und schöne Musik gemacht; er hätte aber geschrieben, es sollt's nicht haben, denn Hans mein Igel könnt es doch nicht lesen. Darüber war die Prinzessin froh und sagte, das wäre gut, denn sie wäre doch nimmermehr hingegangen.

Hans mein Igel aber hütete die Esel und Schweine, war immer lustig, saß auf dem Baum und blies auf seinem Dudelsack. Nun geschah es, dass ein anderer König gefahren kam mit seinen Bedienten und Laufern, und hatte sich verirrt, und wusste nicht wieder nach Haus zu kommen, weil der Wald so groß war. Da hörte er gleichfalls die schöne Musik von weitem und sprach zu seinem Laufer, was das wohl wäre, er sollte einmal zusehen. Da ging der Laufer hin unter den Baum und sah den Göckelhahn sitzen und Hans mein Igel oben drauf. Der Laufer fragte ihn, was er da oben vorhätte. »Ich hüte meine Esel und Schweine; aber was ist Euer Begehren?« Der Laufer sagte, sie hätten sich verirrt und könnten nicht wieder ins Königreich, ob er ihnen den Weg nicht zeigen wollte.

Da stieg Hans mein Igel mit dem Hahn vom Baum herunter, und sagte zu dem alten König, er wolle ihm den Weg zeigen, wenn er ihm zu eigen geben wollte, was ihm zu Haus vor seinem königlichen Schlosse als erstes begegnen würde. Der König sagte: »Ja«, und unterschrieb sich dem Hans mein Igel, er sollte es haben. Als das geschehen war, ritt er auf dem Göckelhahn voraus und zeigte ihm den Weg, und der König gelangte glücklich wieder in sein Reich. Wie er auf den Hof kam, war große Freude darüber.

Nun hatte er eine einzige Tochter, die war sehr schön, die lief ihm entgegen, fiel ihm um den Hals und küsste ihn und freute sich, dass ihr alter Vater wiederkam. Sie fragte ihn auch, wo er so lange in der Welt gewesen wäre, da erzählte er ihr, er hätte sich verirrt und wäre beinahe gar nicht wiedergekommen, aber als er durch einen großen Wald gefahren wäre, hätte einer, halb wie ein Igel, halb wie ein Mensch, rittlings auf einem Hahn in einem hohen Baum gesessen und schöne Musik gemacht, der hätte ihm fortgeholfen und den Weg gezeigt, er aber hätte ihm dafür versprochen, was ihm am königlichen Hofe zuerst begegnete, und das wäre sie, und das täte ihm nun so Leid. Da versprach sie ihm aber, sie wollte gerne mit ihm gehen, wann er käme, ihrem alten Vater zuliebe.

Hans mein Igel aber hütete seine Schweine, und die Schweine bekamen wieder Schweine, und wurden ihrer so viel, dass der ganze Wald voll war. Da wollte Hans mein Igel nicht länger im Walde leben, und ließ seinem Vater sagen, sie sollten alle Ställe im Dorf räumen, denn er käme mit einer so großen Herde, dass jeder schlachten könnte, der nur schlachten wollte. Da war sein Vater betrübt, als er das hörte, denn er dachte, Hans mein Igel wäre schon lange gestorben. Hans mein Igel aber setzte sich auf seinen Göckelhahn, trieb die Schweine vor sich her ins Dorf und ließ schlachten; hu! da war ein Gemetzel und ein Hacken, dass man's zwei Stunden weit hören konnte. Danach sagte Hans mein Igel: »Väterchen, lasst mir meinen Göckelhahn noch einmal vor der Schmiede beschlagen, dann reit ich fort und komme mein Lebtag nicht wieder.« Da ließ der Vater den Göckelhahn beschlagen und war froh, dass Hans mein Igel nicht wiederkommen wollte.

Hans mein Igel ritt fort in das erste Königreich, da hatte der König befohlen, wenn einer käme auf einem Hahn geritten, und hätte einen Dudelsack bei sich, dann sollten alle auf ihn schießen, hauen und stechen, damit er nicht ins Schloss käme. Als nun Hans mein Igel dahergeritten kam, drangen sie mit den Bajonetten auf ihn ein, aber er gab dem Hahn die Sporen, flog auf, über das Tor hin vor des Königs Fenster, ließ sich da nieder und rief ihm zu, er sollt ihm geben, was er versprochen hätte, sonst so wollt er ihm und seiner Tochter das Leben nehmen. Da gab der König seiner Tochter gute Worte, sie möchte zu ihm hinausgehen, damit sie ihm und sich das Leben rettete. Da zog sie sich weiß an, und ihr Vater gab ihr einen Wagen mit sechs Pferden und herrliche Bediente, Geld und Gut. Sie setzte sich ein, und Hans mein Igel mit seinem Hahn und Dudelsack neben sie, dann nahmen sie Abschied und zogen fort, und der König dachte, er kriegte sie nicht wieder zu sehen.

Es ging aber anders, als er dachte, denn als sie ein Stück Wegs von der Stadt waren, da zog ihr Hans mein Igel die schönen Kleider aus, und stach sie mit seiner Igelhaut, bis sie ganz blutig war, sagte: »Das ist der Lohn für eure Falschheit, geh hin, ich will dich nicht,« und jagte sie damit nach Haus, und war sie beschimpft ihr Lebtag.

Hans mein Igel aber ritt weiter auf seinem Göckelhahn und mit seinem Dudelsack nach dem zweiten Königreich, wo er dem König auch den Weg gezeigt hatte. Der aber hatte bestellt, wenn einer käme wie Hans mein Igel, sollten sie das Gewehr präsentieren, ihn frei hereinführen, Vivat rufen, und ihn ins königliche Schloss bringen. Wie ihn nun die Königstochter sah, war sie erschrocken, weil er doch gar zu wunderlich aussah, sie dachte aber, es wäre nicht anders, sie hätte es ihrem Vater versprochen. Da ward Hans mein Igel von ihr bewillkommt und ward mit ihr vermählt, und er musste mit an die königliche Tafel gehen, und sie setzte sich zu seiner Seite, und sie aßen und tranken.

Wie's nun Abend ward, dass sie wollten schlafen gehen, da fürchtete sie sich sehr vor seinen Stacheln: Er aber sprach, sie sollte sich nicht fürchten, es geschehe ihr kein Leid, und sagte zu dem alten König, er sollte vier Mann bestellen, die sollten wachen vor der Kammertüre und ein großes Feuer anmachen, und wann er in die Kammer einginge und sich ins Bett legen wollte, würde er aus seiner Igelshaut herauskriechen und sie vor dem Bett liegen lassen: Dann sollten die Männer hurtig herbeispringen und sie ins Feuer werfen, auch dabei bleiben, bis sie vom Feuer verzehrt wäre. Wie die Glocke nun elfe schlug, da ging er in die Kammer, streifte die Igelshaut ab und ließ sie vor dem Bette liegen: Da kamen die Männer und holten sie geschwind und warfen sie ins Feuer. Und als sie das Feuer verzehrt hatte, da war er erlöst, und lag da im Bett ganz als ein Mensch gestaltet, aber er war kohlschwarz wie gebrannt. Der König schickte zu seinem Arzt, der wusch ihn mit guten Salben und balsamierte ihn, da ward er weiß, und war ein schöner junger Herr. Wie das die Königstochter sah, war sie froh, und am andern Morgen stiegen sie mit Freuden auf, aßen und tranken, und ward die Vermählung erst recht gefeiert, und Hans mein Igel bekam das Königreich von dem alten König.

Wie etliche Jahre herum waren, fuhr er mit seiner Gemahlin zu seinem Vater und sagte, er wäre sein Sohn; der Vater aber sprach, er hätte keinen, er hätte nur einen gehabt, der wäre aber wie ein Igel mit Stacheln geboren worden, und wäre in die Welt gegangen. Da gab er sich zu erkennen, und der alte Vater freute sich und ging mit ihm in sein Königreich.

Mein Märchen ist aus, und geht vor Gustchen sein Haus.

Klein, aber oho!

Wir hätten auch eine kürzere Version dieses Märchens wählen können, denn es wurde nicht nur von den Brüdern Grimm erzählt, sondern in den unterschiedlichsten Variationen in ganz Europa. In Polen ist es als »Stachelsöhnchen« bekannt, und es gibt da nur einen König, was die Sache natürlich erheblich verkürzt. Wir haben uns aber für die Langversion entschieden, weil sie neben »Hase und Igel« die bei uns populärste Igelgeschichte sein dürfte und deshalb in einem Igelbuch nicht fehlen darf.

Tatsächlich ist das Märchen bei uns so bekannt, dass gar eine Krankheit nach ihm benannt wurde: Das Hans-mein-Igel-Syndrom nämlich, das auch als Borderline-Störung bezeichnet wird. Die davon Betroffenen haben eine zwiespältige Seele. Sie sind einerseits stachelig und abgekapselt wie ein Igel, und auf der anderen Seite weich und hilflos wie ein kleines Kind.

Und dazu passend kommt ja auch im Märchen eigentlich nur ein *halber* Igel vor, und, seien wir ehrlich, kein besonders typischer obendrein. Denn welcher Igel sitzt schon auf einem Hahn auf einem Baum und spielt Dudelsack? Um vom Schweinehüten erst gar nicht zu reden …

Lassen wir das vorerst, denn später werden wir noch einmal darauf zu sprechen kommen. Im Augenblick haben wir Wichtigeres zu tun. Wir müssen nämlich diejenigen, die es im Laufe dieses Buches tatsächlich noch nicht begriffen haben sollten, mit der Nase darauf stupsen, dass unser Igel zwar klein, aber dennoch ein selten gewitztes Kerlchen ist. Hat er nicht gleich *zwei* Königen den Weg aus dem Wald gezeigt? Er, nur ein kleiner halber Igel mit einem winzigen Gehirn – während die Herolde und was Könige sonst so um sich haben, erst so dumm waren, ihren Herrn und Meister in die Irre zu führen und anschließend nicht weiterwussten!

Damit aber nicht genug. Nein, Hans mein Igel war auch so blitzgescheit, sich für seine tatkräftige Hilfe eine ordentliche Belohnung auszubitten. Und es ist ihm nicht etwa erst hinterher eingefallen: »Mist, ich hätte den König ja …« Nein, geistesgegenwärtig war er, unser Hans, das auch noch. Kurz, Igel sehen zwar nicht besonders gut, *kurzsichtig* sind sie aber deswegen noch lange nicht.

Und nachtragend sind sie doch eigentlich auch nicht. Die böse schnöselige Prinzessin zu pieksen und heimzuschicken war ja nur gerecht. Und wer außer Hans mein Igel hätte schon einen Vater, der einen am liebsten zum Teufel gewünscht hätte und in der Ecke auf dem Stroh schlafen ließ, anschließend in sein Königreich geholt? *Wir* bestimmt nicht. Wir wären mit der Kutsche vorgefahren, hätten mit ein paar Goldklumpen aus dem Fenster herausgewunken und »ätsch« gesagt.

Halten wir also fest: Der Igel ist nicht nur bildsüß, er ist gutmütig, gescheit und hilfsbereit. (Und manche können, wie wir gesehen haben, außerdem sogar »niam niam« sagen.) Wie wir das alles aus diesem einen Märchen ableiten wollen? Von wegen, ein einziges Märchen … Wissen wir nicht inzwischen, dass er es war, der Igel, der dem lieben Gott erklärte, wie er seine etwas missglückte Schöpfung doch noch retten könnte? War er es nicht, der dem Propheten Suleiman als Einziger den richtigen Rat gab? Und hielt er nicht die anderen Tiere von dem blödsinnigen Vorhaben ab, die Sonne zu verheiraten? Ein Rat klüger als der nächste. Wer möchte das bezweifeln!

Dass Igel auch dankbar sind, lehrt uns eine Geschichte aus einem gänzlich anderen Teil der Welt, dem indischen Panjab: Hier rettete ein König einem Igel das Leben, indem er ihn aus einem Gewässer fischte, in das er versehentlich gefallen war. Da der Igel Angst hatte, von Kindern gequält zu werden, nahm der edle Retter ihn mit auf seine Reise zu einem anderen Herrscher. Der aber war ein arger Bösewicht und wollte unseren mitleidigen König töten. Dazu wollte er sich eines »Augen fressenden Skorpions« und einer blutsaugenden Giftschlange bedienen. Nur hatte er nicht mit dem Igel gerechnet, der den Skorpion im entscheidenden Augenblick an den Beinen packte und durch die Dornen zu Tode schleifte; die Schlange trickste er aber zunächst aus und ließ sie anschließend durch den gewarnten König unschädlich machen. Man sieht: auch asiatische Igel sind gut und edel!

Unsere Pro-Igel-Argumente sind aber noch nicht ausgereizt. Die Tschuwaschen nämlich (die, wie jedes Kind weiß, an der mittleren Wolga leben), die haben dem Igel noch weit mehr als eine ledige Sonne und ein paar Erdfalten zu verdanken:

Früher konnten die Menschen weder pflügen, noch konnten sie Feuer machen. Einst berieten sich die Alten, wie man denn wohl den Erdboden bearbeiten könnte. Und weil keiner von ihnen eine zündende Idee zu diesem Thema hatte, beschlossen sie, den Igel um Rat zu fragen. Kurz und gut, der Igel wurde geholt. Klein, wie er war, hatte er allerdings Schwierigkeiten, über die Schwelle des Hauses zu steigen, in dem die Alten saßen, und vor lauter Anstrengung ließ er einen Wind streichen. Als die Umstehenden ihn deswegen auslachten, wurde er böse und schimpfte: »Lachen könnt ihr, nicht wahr? Aber pflügen könnt ihr nicht.«

In seiner großen Gutmütigkeit verzieh er ihnen aber brummelnd und erklärte ihnen den Gebrauch des Pfluges und wie man mit Stein und Zunder Feuer macht.

Es sind übrigens nicht nur die Tschuwaschen, denen der Igel zu Wärme und Nahrung verhalf, auch verschiedene Nachbarvölker von ihnen erinnern sich noch daran, auf welche Weise dieser Segen zu ihnen kam. Nur das mit dem Wind, den der kleine Igel angeblich fahren ließ, würden wir gern überhört haben. Allerdings müssen wir eingestehen, dass auch noch in einer anderen Geschichte der Tschuwaschen von dieser Unart die Rede ist, und da wir natürlich überhaupt nicht parteiisch sind, müssen wir sie wahrheitsgemäß erzählen – zumal sie letztlich einen weiteren positiven Aspekt an unserem Igel aufzeigt.

Als Gott den Menschen erschaffen hatte, brachte er alle Lebewesen zu Adam, damit dieser ihnen Namen gebe. Also verlieh Adam jedem Tier den ihm gemäßen Namen. Nur der Igel war nicht erschienen. Alle warteten auf ihn und sprachen: »Wie wird wohl der Name dieses Igels lauten?« Nachdem man lange genug gewartet hatte, kam schließlich auch der Igel herbeigetrottet. Er musste nun zu Adam in die Stube kommen, um seinen Namen zu erhalten. Als er eintrat, stolperte er und ließ einen Wind fahren, und alle lachten. Der Igel ärgerte sich ziemlich und sagte: »Weil ihr so über mich gelacht habt, sollt ihr auch hinfort Wind fahren lassen!« So verwünschte er sie. Und seitdem müssen Menschen und Tiere bösen Wind von sich geben.

So ganz durchdacht scheint uns diese Historie nicht zu sein, denn bei genauerem Hinsehen hieß der Igel ja schon Igel. Was für einen Namen hätte Adam in seinem Stübchen ihm denn noch verpassen sollen? Und der Igel hätte bei seiner Intelligenz nicht gleich zweimal an derselben Schwelle … Sei dem, wie es sei. Wesentlich ist hier nicht der böse Wind (keiner ist schließlich unfehlbar, nicht mal der Igel), sondern, dass der Igel imstande ist, gottgleich zu bestimmen, was passiert.

Bemerkenswert finden wir aber insbesondere, dass in all diesen Geschichten, von denen wir noch etliche weitere anführen könnten, der Igel immer das gleiche nette Charakterbild des klugen Ratgebers zeigt. Und dass hier nicht reine Fantasie im Spiel war (was böse Zungen vielleicht behaupten könnten), beweisen andere wiederkehrend erwähnte, typische Eigenschaften, die ja nachweislich stimmen.

Zum einen lässt der Igel in diesen Erzählungen meistens auf sich warten. Igel finden auf einer x-beliebigen Strecke so viele interessante Dinge, die beschnuppert, untersucht und gegebenenfalls vertilgt werden müssen, dass sie sicher immer unpünktlich sind. Und wenn gar noch eine dicke, grüne Raupe ihren Weg kreuzt ... Eine Untugend, gewiss, aber doch eine vergleichsweise winzige. Immerhin, diese Beschreibung können wir getrost bestätigen.

Des Weiteren denkt der Märchenigel nie daran, sich irgendwelchen obrigkeitlichen Befehlen, und seien sie vom lieben Gott persönlich, zu beugen. Wenn er Lust hat zu kommen, kommt er, wenn nicht, dann nicht. Wofür spricht das? Genau: für große Charakterstärke. Und auch das können wir aus ganzem Herzen bestätigen. Igel *sind* charakterstark. Selbst unsere Miss Daisy, die dem Fressen verfallen ist, schaffte es mühelos, wie wir ja berichteten, tagelang eisern zu fasten. Sie sind keine Hundchen, und sie verachten das Pferd, das jeden auf dem Rücken trägt. Sie lassen sich den Winter über mästen, gehen dann aber wieder forsch ihrer eigenen Wege und trauern den knusprigen Nüsschen, dem Hackfleisch und dem floh- und lungenwurmlosen Dasein nicht weiter nach.

Gut, wir sehen, auch diese Angabe stimmt.

Es gibt schließlich noch ein weiteres wiederkehrendes Motiv. Erinnern wir uns an die Biene, die dem Igel seinen klugen Rat ablauschte. Genau das passiert immer wieder. Der Igel hat mal wieder keine Lust, dann zu parieren, wenn es von ihm gefordert wird, und geht weiter seinen vielfältigen Geschäften nach. Dabei brabbelt er aber vor sich hin und plaudert auch genau den Rat aus, den er nicht geben wollte. Dass viele Igel, wo sie gehen und stehen, vor sich hin tuckern oder andere

Geräusche von sich geben, wird niemand bestreiten. Da wir aber nicht wie Salomon die Gabe besitzen, die Sprache der Tiere zu verstehen, wissen wir auch nicht, ob das Tuckern nicht lauter gute Ratschläge enthält, die da verpulvert werden.

Auch das Vor-sich-hin-Brummeln stimmt also. Ach ja, eines haben wir noch vergessen. Selbst wenn der Igel ausnahmsweise einmal alle Leckereien links und rechts des Weges außer Acht lässt und sich beeilt (was nicht oft und dann nur sehr kurzfristig der Fall ist), ist er nicht unbedingt einer der Schnellsten. Nachweislich. Und auch diese sympathische Eigenschaft blieb in den Märchen nicht unbeachtet. Sowohl aus Polen wie aus Bulgarien wird nämlich Folgendes berichtet:

Es lebte einmal ein Igel in einem Haus. Ostern stand vor der Tür, und er wurde ausgeschickt, Hefe zu holen, damit ordentlich gebacken werden konnte. Die Hausfrau gab ihm ein Töpfchen mit, und der Igel marschierte los. Die Stunden verrannen, der Tag ging rum, der nächste und der übernächste ebenfalls. Wer nicht zurückkam, war der Igel.

Der Frühling stellte sich ein, der Sommer ging ins Land, der Herbst hielt Einzug. Und da, kurz vor Allerheiligen, wurde der Igel gesichtet, wie er eilig auf seinen kurzen Beinchen mit der Hefe auf das Haus zustrebte. Aber an der Schwelle passte er nicht auf, fiel hin, das Töpfchen zerbrach, und die Hefe verteilte sich über den Fußboden. »Ja, lacht nur«, meinte der Igel verdrießlich zu den Hausbewohnern, als er sich aufrappelte, »dieses ganze Gehetze wird mich noch mal den Kopf kosten.«

Sprach's und kroch brummelnd in sein Winkelchen.

Die Moral von dieser Geschichte haben wir uns gespart. Sie lautet nämlich, dass die Faulen wie die Igel seien. Den ganzen Tag drehten sie Däumchen, aber sobald sie mal was tun müssten, gäb's Geschrei, wie viel Arbeit sie hätten. Wie kann man sich erdreisten, so etwas vom Igel zu behaupten – er und faul! Was kann schließlich er dafür, dass er keine Hasenbeine abbekommen hat. Gott sei Dank, fügen wir hinzu, denn wie sähe er damit wohl aus?

Gut, nun haben wir also festgestellt, dass alle dem Igel nachgesagten Eigenschaften nachweislich auf Wahrheit beruhen. Warum sollte dann ausgerechnet die Sache mit seiner Intelligenz nicht stimmen? Selbst der ärgste Zweifler muss jetzt überzeugt sein: Die Märchen erzählen von der Intelligenz, ja, der Weisheit des Igels, weil er eben tatsächlich intelligent *ist*. Weit über die Größe seines Gehirnes hinaus. Fast wie ein Elefant. Wir können diese unsere feste Überzeugung aber noch durch ein paar unschlagbare Tatsachen untermauern.

Erstens: Mit Igeln wurde eine Reihe von Intelligenztests durchgeführt. Und nach einigem Üben schafften sie es, mit Näschen oder Pfote stets das richtige von drei gleichen Schiebetürchen zu öffnen, bestimmte Farben zu unterscheiden, durch ein Labyrinth zu marschieren und andere ähnlich schwierige Aufgaben zu lösen.

Zweitens: Die riesigen Dinosaurier sind trotz vergleichsweise riesiger Gehirne und noch viel riesigerer Körperkräfte ausgestorben. Wer nicht? Wer genau? Der Igelzwerg.

Drittens: Die Koalas und Pandas sind am Aussterben. Weshalb? Weil die einen sich weigern, was anderes als Bambus und immer nur Bambus und die anderen Eukalyptus und immer nur Eukalyptus zu fressen. Was nicht nur einseitig, sondern auch reichlich kurzsichtig von ihnen ist. Die Seidenraupe versteift sich auf Maulbeerblätter, der Blauwal auf Kryll. Und was haben sie davon? Die eine wird ausgebeutet, der andere ausgerottet. Und der Igel? Gibt's keine Käfer, frisst er Erdnüsse, Schweizer Käse, Katzenfutter und Alete. Verflucht gescheit von ihm – oder nicht?

Und viertens: Miss Daisy Wutz weiß, dass jeden Morgen um dieselbe Zeit der Ansturm der drei Schwesterchen Brontë auf das von allen begehrte Steinhäuschen beginnt – und besetzt es eine gute Stunde früher. Hinten ist sie in ihrer Burg in Sicherheit, vorne grunzt sie dann ein Weilchen gegen das Prusten von Anne Brontë an, aber immer haben die Schwesterchen das Nachsehen und müssen sich lauthals protestierend mit einem der Heuhaufen begnügen.

Weiterer Beweise für die Klugheit der Igel bedarf es nicht. Die Schwesterchen Brontë sind ja noch klein, sie haben noch ein paar Monate Zeit, bis sie weise und reif wie Miss Daisy sein müssen. Bei Emily dauert es vielleicht auch noch ein wenig länger. Sie wiegt schließlich erst 650 Gramm und träumt noch vom Weihnachtsmann. Aber auch sie wird eines Tages tuckernd und brummelnd herumlaufen und gute Ratschläge erteilen, die dann vom Rotkehlchen oder der Biene weitergetragen werden. Davon sind wir felsenfest überzeugt.

Dicke Kartoffeln dank Erbtante Virginia

Wir müssen an dieser Stelle unbedingt ein Versäumnis nachholen. Wir haben unsere runde Miss Daisy Wutz präsentiert, und wir haben die Schwestern Brontë vorgestellt. Von Erbtante Virginia haben wir geschwiegen. Kein Sterbenswort haben wir bislang über sie verloren. Das war nicht nett und ist nur dadurch zu entschuldigen, dass die anderen eben zuerst da waren und die Schwesterchen auch noch eigenhändig von uns großgezogen wurden.

Und dann war Virginia anfangs auch nicht sonderlich anziehend, um der Wahrheit die Ehre zu geben, denn sie roch ein bisschen streng. Ja, man könnte gar sagen, sie stank barbarisch. Dafür konnte sie natürlich nichts. Und inzwischen riecht sie auch fast so gut wie die anderen Igel.

Sie hat auch keine Schuld daran, dass sie mager ist und alt. Woher wir das wissen? Nun ja, sie sieht insgesamt ein wenig abgenutzt aus und hat außerdem vier Jahresringlein an ihren Stacheln. Man sieht es ihr einfach an und man merkt es an ihrem Charakter. Sie ist ganz offensichtlich eine würdige alte Dame mit Humor. Ein bisschen wie Miss Marple. Anfangs, als sie noch stank und einen schlimmen Katarr auskurieren musste, war ihr Gesicht spitz und eingefallen, und sie sah recht griesgrämig drein. Ehrlich gesagt, dachten wir, sie würde sterben. Sie saß einen Tag und eine Nacht in ihrem Häuschen in der Küche und hatte keine Lust zu fressen oder herumzulaufen.

Dann wirkten offenbar die Medikamente und die Wärme, denn siehe da, Virginia fraß und besah sich ausführlich ihre neue Umgebung. Leider besah sie sie sich nicht nur, nein, sie setzte sich in den Kopf, ausgerechnet die Ecke hinter der

Küchentür zu ihrem Hauptklo zu erklären. Das war sehr praktisch gedacht. Jedes Mal, wenn die Tür aufgeht … wisch … ist alles, was da liegt, fein säuberlich über den Boden verteilt. Da Virginia inzwischen weiß, dass die Tür in weitere wunderbare Räume führt, stemmt sie sich des Nachts mit den Pfoten hoch an die Wand, nachdem sie hinter der Tür … daher sind Wand und Tür morgens bis in Igelvorderpfotenreichweite braun verschmiert.

Und Virginia? Sie amüsiert sich sichtlich, wenn man ihr diese Schweinereien vorhält. Ihr mageres Schnäuzchen hat sich gerundet, und ein verschmitztes Gesichtchen mit leicht schräg stehenden Augen ist zum Vorschein gekommen. Und so sieht sie einen spitzbübisch an, wenn man sie auf dem Flur erwischt, nachdem man abends mal wieder aus Versehen die Küchentür offen stehen ließ.

Wir haben uns die Sauerei eine Weile gefallen lassen, anfangs musste sie ja in Quarantäne leben. Dann aber war sie so weit wieder gesund, hatte zugenommen und durfte in den Wintergarten. Die Küche war zwei Tage lang göttlich sauber. Dann allerdings stellten wir fest: Virginia fraß nicht mehr. Sie wog wieder so viel wie am Anfang, hatte wieder ihr spitzes Gesicht und lächelte nicht mehr. Was tun? Es half nichts, sie musste wieder rein und unter Aufsicht bleiben. Aber nicht in der Küche, der wunderbar sauberen.

Also bauten wir ihr im Keller ein Gehege von vorgeschriebener Größe (zwei Quadratmeter). Unzählige Igel überwintern in kleineren Ställchen, ohne sich sonderlich zu beklagen. Aber Virginia? Virginia schwieg, wie es ihre Art ist, kroch in ihr Häuschen, blieb drin und fraß nicht. Und als das nichts half, stieß sie sich in der nächsten Nacht die Nase an einer der Wände blutig. Schweigend zwar, aber energisch. Was konnten wir tun? Es blieb uns nichts anderes übrig, als Virginia wieder in die Küche zurückzuholen. Wir waren gespannt. Würde Virginia fressen? Virginia fraß.

Virginias Gesichtchen hat sich wieder gerundet. Sie schweigt und frisst und … hinter die Küchentür. Und da sie viel frisst, findet sie außerdem, dass sich auch neben dem Papierkorb wunderbar kleinere oder größere braune Würstchen nebst dazugehörigem Pfützchen abladen lassen. Davon besitzt sie offensichtlich einen unerschöpflichen Vorrat in ihrem immer noch mageren Erbtantenkörper. Zewa-Wisch-und-Weg hat keine besseren Kunden als uns.

Wir kommen mit dem Saubermachen jedenfalls kaum nach, zumal im Nebenzimmer nun auch noch Harry wohnt. Harry, der arme kleine Igelbub, der sich in ein paar Wochen, wenn er rund und stark geworden ist, bis zum Frühjahr gegen die Mädelschar wird behaupten müssen. Deswegen heißt er auch eigentlich Harrison Ford, damit er groß und mutig wird. Dann wird er vielleicht auch mit fünf hartgesottenen Igelladys fertig. Na ja, eigentlich nur vier, denn Emily zählt noch nicht voll. Aber wir werden ja sehen.

Unser einziger Trost bei all dem Würstchenentfernen ist, dass so wenigstens unser Kompost was zu lachen hat. Aber wenn im nächsten Jahr die igelmistgedüngten Kartoffeln nicht dick und rund werden wie Miss Daisy, kommen uns keine Igel mehr ins Haus. Punkt!

Mecki und Co.

Wir werden noch zu berichten haben, wie erzböse Menschen den Igel buchstäblich verteufelten. Glücklicherweise konnten sie sich mit ihrer Meinung nicht auf Dauer durchsetzen, denn der Stachelmops hielt es sehr vernünftig nach dem Motto:

> Redt einer schlecht von dir, sei's ihm erlaubt,
> du aber lebe so, dass keiner es ihm glaubt.

Er lebte weiter gerade so, wie er eben ist, und daher überwiegen bis heute auch die Geschichten, die seinen Charakter preisen. Wir haben nicht ohne Grund etliche davon angeführt, denn sie haben unser Bild vom Igel nachhaltig geprägt, wenn nicht gar überhaupt geformt. Insbesondere kleine Kinder und Großstadtbewohner dürften höchst selten einen echten Igel zu Gesicht bekommen, geschweige denn mit einem in näheren Kontakt treten. Informationen aus zweiter Hand sind das, worauf sie angewiesen sind. Gut also, wenn diese Informationen positiver Natur sind.

Fassen wir noch einmal die Eigenschaften des Igels zusammen, die Märchen und Geschichten vermitteln, so ist vor allem Klugheit zu nennen. Dann spitzbübische Schläue, Freundlichkeit, Hilfsbereitschaft, Verlässlichkeit und Nur-nicht-hetzen-lassen. Igel sind eigenwillig, aber nicht anmaßend und nicht hochnäsig. Sie sind niedlich, aber nicht schön. Kurz, sie sind eigentlich genau das Tier, dem die Herzen derer zufliegen, die nicht adlergleich allen überlegen sind. Die Herzen der allermeisten von uns also.

Und so kam ein kluger Mann namens Eduard Rhein eines schönen Tages vor ziemlich genau fünfzig Jahren auf die Idee, dieses Image des Igels für seine Zeitung, die ›Hör zu‹, deren

Chefredakteur er damals war, zu vermarkten. Er hatte damit einen durchschlagenden Erfolg, obwohl sein Igel eigentlich nur noch durch seinen Haarschnitt und das Gesichtchen als solcher zu erkennen war und ist. Er geht nicht nur mickymausmäßig aufrecht, er ist selbstverständlich auch angezogen. Man stelle sich einen nackichten Igel vor, huh! Und er ist auch kein Einzelgänger, sondern fest verheiratet. Zur Hochzeit quetschte er sich gar in einen Frack und stülpte sich einen Zylinder auf den Kopf. Seine liebe Gattin namens Micki sehen wir dementsprechend in Kleidchen und Schürze, die Kleinen Mucki und Macki an der Hand.

Erfunden hat Eduard Rhein diesen Menschen-Igel aber nicht. Schon rund zwanzig Jahre zuvor spielte er in Puppentrickfilmen eine große Rolle, daher wurden auch Figuren dieses Typs hergestellt. Eine von ihnen fand Eduard Rhein beim Umzug der ›Hör zu‹ in einer Kiste und erkannte ihr großes Potenzial für seine Zeitung. Was die Leser in diesen Nachkriegszeiten brauchten, war jemand, der ihnen Vertrauen einflößte, der gleichzeitig lieb, mutig, optimistisch, ehrlich und treu war. Mit einem Wort, und wir unterschreiben dieses Charakterbild voll und ganz: der Igel. Nun – nicht ganz voll und ganz, denn *treu* ist der Igel, wie wir ja schon eingestanden haben, eigentlich weniger. Aber sei's drum.

Nun brauchte der Idealigel nur noch einen Namen. Eduard Rhein musste sich seinen Kopf allerdings nicht sonderlich zerbrechen. Wie er das künftige Maskottchen seiner Zeitung aus einer Umzugskiste gezogen hatte, holte er sich den Namen von einem seiner Redakteure, Hans Mecklenburg, genannt Mecki. Und fertig war das Markenzeichen der ›Hör zu‹.

Passend zur eher heimlichen (wenn auch lauten) Lebensweise des Igels wurde Mecki von nun an in jedem Heft irgendwo versteckt, bis er kurz darauf sogar eine ganze große Seite für sich bekam. Für sich und seine diversen Abenteuer, die er zusammen mit seinem besten Freund, Charly Pinguin, dem schlafmützigen und chronisch müden Schrat, den diversen Hamsterchen – echten syrischen Goldhamstern, wohlgemerkt –, dem Raben Poppo, manchmal auch dem Kater Murr und der Ente Watsch bestand.

Lieber Erfinder dieser Geschichten, musste es denn ausgerechnet ein Pinguin sein? Ein Pinguin?? Igel und Pinguin??? Die Hamster, gut – auch wenn sie aus Syrien stammen. Zur Not auch der Rabe, und unsretwegen auch der schläfrige Schrat (was immer das sein mag) und der Kater. Aber ein *Pinguin* als bester Freund eines Igels …

Aber schließlich haben wir schon die Hosen, den aufrechten Gang und das Hausmütterchen Micki geschluckt, da soll es am Pinguin nicht scheitern. Außerdem waren die deutschen Nachkriegsleser längst nicht so pingelig, um nicht zu sagen kleinkrämerisch, wie wir. Sie meckerten über den Pinguin nicht nur nicht, sie liebten ihn ebenso wie den Schrat, die Hamsterchen und natürlich Mecki. Hemd und Hose, Micki, Macki und Mucki eingeschlossen.

Und so stolpert unser Mecki von einem Aufsehen erregenden Abenteuer ins nächste und geht natürlich aus allen stets heil und gesund und siegreich hervor. Denn wie pflegt er zu sagen? – und hierin erkennen wir wieder den eigenwilligen, schnuffelnden, ratgebenden Märchen-Igel: »Ich habe wie immer eine gute Idee. Hört mal zu.« Dann rettet er seine Freunde und sich selbst in Bausch und Bogen, und die bösen Verbrecher gucken in die Röhre.

Weil seine Fans von diesen Geschichten hin und weg waren, machte man aus ihnen (den Geschichten, nicht den Fans) gleich noch etliche Bücher, in denen Meckis Abenteuer genauso abenteuerlich waren, nur eben ein ganzes Stück länger. Und wie er dabei herumkam!

Inzwischen hatte er wohl eine Stange Geld verdient, sonst hätte er sich seine Reisen nach China, zu den Negerlein (man entschuldige das Wort!), den Eskimos, ins Morgenland zu Aladin und zu den Indianern gar nicht leisten können. Er zankt sich mit dem giftgrünen Fliegenpeter herum, erstreitet dem Märchenprinzen sein Prinzesschen, kämpft und besiegt Tschitu, den bösen Quälgeist der Eskimos, raubt Seeräubern die geraubten Schätze und steht den Kukudo gegen die Rukutu bei. Um nur einige seiner Heldentaten aufzuzählen.

Außerdem hatte er offenbar auch einen guten Draht zur Anderswelt, wie hätte er sonst mit einem Ballon zu den sieben Zwergen kommen können und nicht zu vergessen ins Schlaraffenland?

Ja, wenn einer es erst einmal so weit geschafft hat wie Mecki, stehen ihm eben alle Türen offen. Wie er bei all dem noch dazu kam, seine Micki zu schwängern, damit sie ihm Mucki und Macki gebären konnte, wissen wir nicht. Aber als der Tausendsassa, der er war, brachte er nicht nur das noch irgendwie zuwege, sondern schaffte es – dies vor allem –, die Herzen der Deutschen zu erobern. Sie waren von ihm so begeistert, dass sie, eine Mecki-Postkarte in der Hand, schnurstracks zu ihrem Friseur liefen und verlangten, so, genau so und nicht anders wollten auch sie ihre Haare haben.

Als die ›Hör zu‹ diesen neuen Trend mitbekam, schrieb sie nicht unklug einen Wettbewerb aus: Wer hat die schönste Mecki-Frisur? »Haarlänge zwei bis sechs Zentimeter, fließender Übergang zum Nacken, Seiten flachwellig.« Es gibt sie bis heute. Mecki-Clubs bieten im Internet Militär-Haarschnitte, Bürstenhaarschnitte und Meckischnitte an.

Die Mecki-Bücher gibt es ebenfalls noch, auch die alten Postkarten werden weiterhin für teures Geld verkauft und neu vermarktet. Da sieht man beispielsweise einen Mecki auf einem Roller sitzen und darüber steht: »Mit Mecki durchs Internet brausen.« Gehandelt werden ebenfalls für viel Geld immer noch die Steiff-Meckis, die Anfang der fünfziger Jahre auf den Markt gebracht und zu wahren Rennern wurden. Angeboten werden Meckilampen, Meckifilme, Meckigartenzwerge und vieles andere mehr.

Ja, und auch die ›Hör zu‹ hat sich inzwischen wieder auf ihren Mecki zurückbesonnen, allerdings einen gelifteten Mecki …

Vielleicht ist es ja auch ganz gut, wenn Mecki wieder auf der Bildfläche erscheint. Viele Menschen wissen nämlich offenbar nicht mehr, wer oder was mit diesem Wort ursprünglich bezeichnet wurde. Wie sonst käme es, dass sie ihre Ziegenböcke, Meerschweinchen und Hunde Mecki nennen? Auch wenn wir den aufrechten Gang, die Hosen, die beschürzte Micki und nicht zu vergessen den Pinguin eher zähneknirschend akzeptiert haben, ist dahinter doch immer noch der Igel zu erkennen – und das ist mehr als sich von anderen Igelmarkenzeichen behaupten lässt. Wünschen wir Mecki also für die Zukunft alles Gute, und vielleicht fällt ja ein Bröckchen von seinem Erfolg auch für den Wildigel ab! Wer weiß?

Der augenblicklich bekannteste andere Igel dieser Art dürfte für viele der rasende Igel Sonic sein. Wir würden sagen, diese Bezeichnung genügt, um die Urheber des beliebten Computerspiels als Nichtkenner zu entlarven. Wer hat schon jemals von einem *rasenden* Igel gehört? Obendrein ist er noch blau. Nicht betrunken, nein blau. Obwohl Blau eine wundervolle Farbe ist, hat sie an einem Igel nicht unbedingt etwas verloren. Gut, wir sind da vielleicht ein wenig konservativ, aber blau *und* rasend ist entschieden zu viel. Und überhaupt sieht Sonic bis auf die aufwärts gebogene Nase ganz und gar nicht wie ein Igel aus. Allein seine Ohren! Echte Langohrigelohren. Außerdem hat er Drachenzacken anstelle von Stacheln. Einzig, dass er obergescheit ist, erinnert uns an einen echten Igel. Und so wären wir eigentlich geneigt gewesen, Sonic in Bausch und Bogen zu disqualifizieren, wenn nicht zwei engagierte Igelfreunde, zu deren Talisman Sonic avancierte, entschieden für ihn in

die Bresche gesprungen wären. Lassen wir Gabriele Aulehla vom Stuttgarter Igelverein selbst zu Wort kommen:
»Als ich [meinen Mann] Ralf kennen lernte, spielte er begeistert mit Computerspielen, unter anderem hatte er auch die Spiele von Sonic. Ich fand den Kerl auf Anhieb drollig. Irgendwann hab ich dann mal in der Elektronikabteilung eines Kaufhauses Sonic in plüschiger Ausführung gesehen und mich gleich in ihn verliebt. Es dauerte dann noch ein paar Monate, aber dann fingen wir an, uns für Igel zu interessieren und alles zu sammeln, was mit Igeln zusammenhing. Vorher waren wir überhaupt nicht naturverbunden gewesen und hatten mit Igeln nichts am Hut.

Die Igelei wurde dann so intensiv, dass wir eines Sonntags in der Zeitung vom Verein der Igelfreunde lasen, der händeringend Leute suchte, die bereit waren, Igel zu überwintern. Wir meldeten uns und bekamen unseren ersten Igel, Mecki. So hat das alles angefangen. Ohne Sonic wären wir hundertprozentig nie »auf den Igel gekommen«.

Diese Verteidigung ist ein wunderbares Beispiel dafür, dass jedes Ding zwei Seiten hat – auch in Computerspielen verfremdete rasende Igel! Natürlich verdammen wir Sonic in seiner Eigenschaft als Igel nun nicht mehr.

Entsprechendes gilt für die beiden Igelbrettspiele: ›Hase und Igel‹ und ›Igel ärgern‹. Ob es nun Igel, Bärchen oder Zwerge sind, spielt keine größere Rolle, denn es geht um den Spass an der Sache. Da stören weder die »gedopten Igel«, noch die »Anarchoigel«, allenfalls nur der Titel des letzteren Spiels. Wenn Igel dabei geärgert würden, hätten wir es auch sicher nicht erwähnt. Ärgern aber tun sich hier, wie glaubhaft versichert wird, nur die Spieler. Und *das* ist in Ordnung!

Weil alle diese Igel mit ihrem richtigen Namensvetter kaum etwas gemein haben, können sie, was das Wissen über Igel betrifft, auch keinen Schaden anrichten, und wie wir gesehen haben, sogar wirklich Gutes bewirken.

In diesem Licht sind auch Kinderbücher von der Art wie die Geschichten um Latte Igel zu sehen. Wie im Fall von Mecki sind vom realen Tier lediglich einige wenige Eigenschaften geborgt, und zwar vor allen Dingen die Klugheit sowie das an einen Igel erinnernde Äußere. Auch Latte Igel läuft allerdings auf den Hinterbeinen, und auch er erlebt Abenteuer, von denen ein richtiger Igel nicht einmal träumen würde – mit Ausnahme vielleicht von unserer Emily Brontë, die ja auch erst 720 Gramm wiegt.

Und wo wir gerade von ihr reden: Sie ist ein rechtes kleines Ferkel, wie die meisten ihres Geschlechts, die sich mit den Füßchen in das leckere Futter stellen und es auch sonst mit der Sauberkeit nicht allzu genau nehmen. Wer Igel kennt, käme also wohl kaum auf die Idee, sie in einem Kinderbuch als blitzblanke Wäscherin darzustellen, die da etwa singt:

»Lilienweiß und rein, oh!
Mit kleinen Rüschen drein, oh!
Glatt und heiß – ein Rostfleck
wird hier niemals sein, oh!«

Genau das ist aber die Passion der Hauptakteurin in Beatrix Potters Geschichte von Mrs. Tiggy-Winkle, die auf Deutsch Frau Pieke-Schnack heißt. Sie bringt die Garderobe sämtlicher Nachbarstiere auf Vordermann, angefangen bei Michi Meise über den Eichkater Nüsslein bis hin zu Peter Karnickel. Nun gut. Es ist ein nettes Märchen und impft den kleinen Lesern oder Zuhörern bis auf die Sache mit der Sauberkeit kein allzu falsches Wissen über Igel ein.

Anders ist es mit Kinderbüchern, die ausdrücklich einen Igel zum Helden haben, das heißt, einen Igel, der theoretisch wenigstens wie ein echter Igel dargestellt ist. Der sich von Regenwürmern und Schnecken nährt, keine Höschen und Rüschenschürzchen trägt und nicht mit Zaubersteinen hantiert, Hexen besucht und auf »Wundermatten« fliegt. So ein

Igel ist Kasimir. Theoretisch. Und das ist das potenziell Gefährliche an dieser Art von Büchern: Wenn die Tiere eben nur *halb* richtig beschrieben werden. Wenn der Ordentlichkeit wegen Papa Igel der Familie Besuche abstattet. Wenn die Mama den Kindern das Essen zusammensucht und vorlegt, und wenn der kleine Uhu aus dem Nest fällt und beinahe von dem kleinen Igel vertilgt wird, weshalb die Uhumutter Zeter und Mordio schreit, den Waldrat zusammenruft und später ihr Junges ins Nest zurücktransportiert. Da ist dann eine aufgeklärte (und zoologisch belesene) Mutter gefragt, die ihrem Sprössling sagt, was richtig ist und wie es sich in Wirklichkeit verhält.

Es gibt aber auch andere Kinderbücher, die von Igeln handeln, und die ihren kleinen gutgläubigen Lesern keine Märchen erzählen, die dann bis in die Erwachsenenzeit hängen bleiben. Nichts von auf die Stacheln gespießtem Obst, leidenschaftlichen Kämpfen mit Kreuzottern, Papa Igel und aufrechtem Gang. ›Stadtigel Raschelbein‹ ist eines von ihnen. Raschelbein geht auf allen Vieren, wie sich das für einen anständigen Igel gehört. Er ist nicht blau, sondern braun, und glänzt mit kleinen niedlichen Öhrchen und einer schwarzen feuchten Brombeernase. Er ist, mit einem Wort, ein richtiger Igel. Und den können letztendlich kein Mecki, kein Sonic und kein Kasimir ersetzen.

Der Igel und der Eber

Der Igel und der Eber, so erzählte man sich in Nordafrika, bebauten einmal gemeinsam Felder. Im Frühjahr steckten sie Zwiebeln, und als sie reif waren, ließ der Igel den Eber wählen, ob er das ernten wolle, was über oder das, was unter der Erde sei. Der Eber, ein wenig einfältig, wählte das Oberirdische und musste sich mit dem Lauch begnügen, während der Igel die Zwiebeln bekam. »Mann, bist du gescheit!« sagte der Eber beeindruckt. »Das nächste Mal machen wir es aber umgekehrt.«

»Schön«, meinte der Igel. Im folgenden Frühjahr säten sie Weizen, und als es Zeit war, ihn zu ernten, bekam der Eber die Wurzeln, der Igel die Körner. Der Eber beschwerte sich umsonst, denn er hatte ja freie Wahl gehabt.

»Das nächste Mal«, meinte er zähneknirschend, »teilen wir die Ernte gerecht und nicht nach deiner Bosheit!« Dem Igel war es gleich, und sie machten sich erneut ans Säen und Pflanzen.

Kaum waren die Zwiebeln, Rüben und der Weizen reif, schlug der Igel vor, dass dem die gesamte Ernte gehören solle, der in einem ehrlichen handfesten Kampf Sieger bleibe. In einem Kampf, der ohne Messer ausgeführt werden sollte.

Der Eber war schier begeistert von dieser Idee, die beiden riefen den Löwen und den Schakal als Zeugen herbei, und dann stürmte der Eber auf den Igel los – und rammte seine Nase in dessen Stacheln, dass er nur so quiekte. Er brüllte: »Der Igel benutzt ja doch ein Messer! Er hat sich nicht an die Vereinbarung gehalten.« »Aber hallo«, meinte der Igel, »ihr da, Löwe und Schakal, habe ich ein Messer benutzt?«

»Nein« sagten die beiden Zeugen unisono, »nein, du hast kein Messer benutzt.«

Und so ging es ein zweites und ein drittes Mal. Der dumme Eber holte sich eine blutige Schnauze, und die Zeugen versicherten, es sei kein Messer mit im Spiel. Trotzig sagte da der Eber: »Und doch hat er ein Messer benutzt. Mit ihm kämpf ich nicht mehr.«

Da entschieden der Löwe und der Schakal, dass der Igel gewonnen hatte und die gesamte Ernte ihm gehörte. (All die vielen Zwiebeln, Körnchen und Rüben, die er ja eigentlich überhaupt nicht frisst.) Und der Eber hatte das Nachsehen.

Igeleien

Wer kann mir die Festung nennen
Kugelrund und wohlbewehrt?
Wo die Feinde sie berennen,
Werden Spieße hingekehrt.

Ist der Angriff abgeschlagen,
Sich die Kugel schnell entrollt;
Schaut sich um mit viel Behagen,
Lustig dann von dannen trollt.

Wen dieses Kinderversrätsel meint, ist klar. Aber uns scheint es doch sehr erstaunlich, wie sehr die Menschen den Igel tatsächlich als uneinnehmbare Festung betrachteten und verinnerlichten. Wie sonst würde sich erklären, dass er von so vielen und in so unterschiedlicher Weise als Sinnbild, nachahmenswertes Vorbild, Wappentier und Markenzeichen gewählt wurde? Und zwar wohlgemerkt längst nicht nur in vergangenen Zeiten, als das Wünschen noch geholfen hat und unsere Vorfahren ihre Höhlen noch vor den Mammuts verrammelten …

Dass *ihnen* der Igel mordsmäßig imponierte, leuchtet ein. Aber als die Mammuts und Säbelzahntiger endgültig das Zeitliche gesegnet hatten, das Eisen, das Wagenrad und die Olympischen Spiele erfunden worden waren – spätestens ab da hätte der Igel doch als altmodisches Fossil seinen Vorbildcharakter verlieren können.

Aber nichts da. Hätte er sich damals patentieren lassen, besäße er inzwischen wenigstens eine Tankerflotte und obendrein halb Tokyo. Es ist eben nicht leicht, ihn zu übertrumpfen. Nicht umsonst hat er ein paar Milliönchen Jahre mehr als wir auf dem Buckel.

Nachgeahmt wurde er beispielsweise in der mittelalterlichen Kriegführung, bei der eine bestimmte Formation »Igel« genannt wurde. Dabei streckte das Fußvolk in der Regel zum Schutz der Reiter geschlossen die Lanzen vor. Als das badische Waldshut im Jahr 1462 von den Schweizern belagert wurde, konnte ein »Igel« von nur 600 Mann Stärke 1000 Reiter zurückschlagen. Und weil das so gut funktionierte, ließ der Anführer der Schweizer nach einer anderen Schlacht »alles Volks uffmustern, zusammenlägern und in einen landsknechtischen Igel ordnen«.

Wo wir schon beim Militärischen sind: Eine aus Stämmen errichtete Palisade wurde ebenfalls als Igel bezeichnet, und natürlich konnte auch eine Waffe nicht fehlen, die da Igelkappe oder Igelkolben genannt wurde. Wie sie aussah, kann man sich ja vorstellen, und was sie für üble Wunden verursachen konnte, wohl auch.

Dann gab es neben manch anderem auch noch das »Igelschießen«. Glücklicherweise wurde hierbei aber weder mit noch nach Igeln geschossen. Vielmehr bezeichnete man mit diesen »Igeln« in der Soldatensprache des 16. Jahrhunderts die Spitzen eines Geschosses, die, wenn angezündet, herausgeschleudert wurden und großen Schaden anrichteten.

Sind alle diese militärischen Igelkopien heutzutage auch überholt, haben die Reservisten der Bundeswehr ebenso wie das österreichische Bundesheer doch als Logo und Maskottchen – na? – genau, einen Igel.

Apropos Igelschießen. Schande über Lewis Carroll! Das muss an dieser Stelle doch unbedingt einmal gesagt werden. In seinem viel gerühmten Buch ›Alice im Wunderland‹, dem mit den Wachs- und Schrumpfpilzen und komischen Kaninchen, gibt's bekanntlich ein Kapitel über eine königliche Krocketpartie. Und *womit* wird gespielt? Wir genieren uns für den Autor dieses unsterblichen Werkes, es zu sagen: Die Schläger sind Flamingos und die Bälle sind zusammengerollte Igel!

Damit nicht genug, beschreibt der leicht perverse Carroll doch ausführlich, wie Alice mit ihrem Flamingo ihre Schwierigkeiten hat. Immer dann, wenn sie seinen Hals gerade schön zurechtgebogen hat, um mit seinem Kopf auf den Igel einzudreschen, sieht er ihr mit einem verwunderten Ausdruck ins Gesicht »und wenn dann der Kopf zum Weiterspielen glücklich wieder unten war, ausgerechnet dann hatte der Igel sich wieder aufgerollt und wollte davonkriechen«.

Falls jemand Schwierigkeiten hatte, sich diese brutale Spieltechnik durch das reine Lesen konkret vorzustellen, konnte er sich an dem Bildchen ergötzen, das daneben gezeichnet ist: Alice, wie sie den Flamingo unterm Arm hält und den einen Fuß auf einen zusammengerollten Igel gestellt hat … Weitere Kommentare erübrigen sich. Lewis Carroll ist hiermit ausdrücklich in Ungnade gefallen!

Da wir gerade bei negativen Igeleien sind, sei noch ein alter Brauch erwähnt, der vor allem zum Fasching häufig Anlass zu Witzchen gegeben hat: Er bestand darin, den Balg eines Igels als Keuschheitsgürtel zu verwenden. In der recht unanständigen Erzählung eines Meistersängers des 15. Jahrhunderts, die da heißt ›Spiegel und Igel‹, wirbt ein Knecht um eine Magd. Er erschreckt sie auf eine Weise, über die wir unserer minderjährigen Leser wegen hier Stillschweigen bewahren wollen, und sie beschließt, sich an ihm zu rächen. Sie willigt zum Schein ein, eine Nacht mit ihm zu verbringen, präpariert sich aber für dieses wesentliche Ereignis, nachdem sie ihren häuslichen Pflichten nachgekommen ist, wie folgt:

> Do nahm sie einen Igelsbalg
> und ging zu ihrem Bett allein
> und tät in zwischen ihre Bein
> und band ihn vor ihr Fensterlein …

Wie es dem Knecht anschließend erging, brauchen wir wohl nicht näher auszuführen. Das Thema Igelbalg ist ohnehin ein unangenehmes, und so sei nur noch am Rande erwähnt, dass selbiger im Mittelalter und auch später noch zum Abbürsten oder »Ausbutzen« von Kleidern benutzt wurde. In einem Spottlied des 17. Jahrhunderts heißt es dementsprechend:

> Dückt euch, Schmügt euch
> Lasst mit Igeln Euch abstriegeln
> Und fein putzen,
> Lasst doch eure Hörner stutzen.

»Igel« hieß des Weiteren ein Maulband mit eisernen Stacheln, das dazu diente, Kälber zu entwöhnen. Und schließlich sollten wir an dieser Stelle vielleicht auch noch erwähnen, dass tote Igel unter der Hausschwelle vergraben wurden, um Böses abzuhalten. Auch hier war es das »Festungsmäßige« des Igels, das man hoffte, auf sich selbst und sein Haus zu übertragen.

Damit sollen aber die schlimmen Igeleien ein für alle Mal abgeschlossen sein, und wir können uns Erfreulicherem zuwenden. Was, so könnten wir beispielsweise fragen, hat Harrison Ford mit einem Igel gemeinsam? Wir meinen jetzt nicht die wohlbekannte Tatsache, dass unser ununterbrochen alles Essbare in sich hineinstopfendes Igel-Bübchen Harrison Ford heißt. Nein, der Name »Harrison« kommt von *hérisson*, und *hérisson* ist französisch und bedeutet Igel.

Auch die Franzosen hatten nämlich die großen Tugenden des Igels rasch erkannt (und zwar ausnahmsweise einmal *nicht* auf kulinarischem Gebiet). Auch sie bildeten einige Objekte ihm nach und benannten sie »Igel«, darunter einen Anker, der beispielsweise bei Galeeren Verwendung fand, ein Zahnrad, eine eisenspitzige Mauerbekrönung und eine altertümliche Frauenfrisur.

Und unter anderem aufgrund der Sage des Obsttransportes erhoben zahlreiche französische, deutsche und englische Adlige den Igel zu ihrem Wappentier, in Silber oder Gold schreitend, und oft genug gleich drei davon.

Nicht wenige Adelsfamilien tragen den Igel nicht nur im Wappen oder in der Krone, sie leiten ihren Namen selbst vom Igel ab. Bei uns sind das beispielsweise die Familien Igelthaler, Staudigel und Igler. Die Staudigels stifteten sogar mehrere mit Igeln verzierte Fenster in der Nürnberger Lorenzkirche, und die Iglers bildeten den Igel auf ihrem Grabstein ab. Auch in Frankreich gab es adlige Familien namens Igel, unter anderen die Hérissons oder Irissons, und in England waren es die Hercys, Herries, Harris, Fitz-Harris, Harrisons und so weiter, deren Namen auf das Französische zurückzuführen sind. Ja, und so heißen sie bis heute, all die Harrys dieser Welt, auch wenn sie nicht mehr wissen, warum.

Unser Harry weiß es auch nicht, obwohl wir es ihm erklärt haben. Er ist zu beschäftigt mit Fressen und hat augenblicklich keine Zeit für solch unwichtigen Firlefanz. Er muss sich ranhalten, um erst die Schwesterchen und dann Daisy Wutz an Gewicht zu überflügeln. Schließlich wird er bald hinaus und es bis zum Frühling mit ihnen allen aufnehmen müssen. Und wer weiß, was er vorhat …?

Nicht mit der Erbtante Virginia natürlich, die ist jenseits von Gut und Böse und gildet daher nicht, wie wir als Kinder sagten.

Aber um zu den Harrisons zurückzukehren, die Zeiten sind durchaus nicht vorbei, in denen Igel als Wappentiere erwählt wurden. Das Igel-Logo ist im Gegenteil beliebter denn je, und zwar in kommerziellen ebenso wie in sozialen und umweltschützerischen Bereichen. Da sind zunächst einmal die zahlreichen Spielwarenhersteller, die sich nach ihm benennen und ihn, mal aufrecht modern, mal altmodisch auf allen vieren, in ihrem Banner führen.

Da der Igel aber zunehmend mit Natur gleichgesetzt wird, verwendet man sein Bild und seinen Namen auch bei entsprechenden Verkaufsaktionen. Große Kaufhäuser riefen da zu einem Wettbewerb für die Eltern von Erstklässlern auf, umweltgerechte Schulsachen zu kaufen. Als Maskottchen dieser Aktion fungierte der Igel, diesmal auf einer Erdkugel thronend und mit einem veritablen Rüssel im Gesicht: eine Schande für jeden ehrlichen Igel – die Nase, nicht die Aktion als solche.

Auch die Grünen halten sich gern an den Igel und führen ihn teilweise nicht nur als ihr Logo, sondern erregen zuweilen auch Aufsehen mit ihm. Aus Protest blieben zwei Abgeordnete einer Bezirksverordneten-Versammlung fern und ließen sich durch zwei Keramikigel vertreten.

Keramikigel gibt es übrigens in allen Größen, Längen und Breiten, ebenso wie Igel aus Plastik, Gummi, Holz und Wolle und noch so allerlei. Erhältlich sind auch ein unter einem Pilz picknickender Igel, Papaigel beim Spielen, Igelmama beim Wäschewaschen oder Telefonieren, Igel mit Fliege um den Hals und einer Nase so groß wie ein Tennisball. Aber, ein Trost!, es gibt auch solche, die tatsächlich aussehen wie Igel.

Das aber nur nebenbei. Denn wir sind noch nicht fertig mit den Igeleien. Wir dürfen den Diabetigel nicht übergehen. Jawohl, richtig gelesen. Er sieht ein wenig aus wie ein Ottifant, was nicht wundernimmt, wenn er doch Diät halten muss. Und er gehört, wie zu lesen steht, zur Identität des Vereins für Aktive Diabetiker. Denn der Igel hat die dicke Haut und die nötigen Stacheln, die sie auch gern hätten. Eine dicke Haut hat er nicht. Erst gestern Abend hatte Anne Brontë, genannt Antje, einen kleinen Riss auf ihrem süßen Brombeernäschen, und von Erbtante Virginia haben wir ja schon berichtet. Außerdem – können Igel zuckerkrank werden?

Und wo wir gerade bei den Merkwürdigkeiten sind: Heute flatterte uns ein Prospekt ins Haus, in dem auf mehreren Seiten Rasenmäher angeboten werden, und zwar ausgerechnet mit einem Igel als Logo, der freundlich lächelnd Tipps zur richtigen Schnitthöhe gibt!

Wir könnten die Liste der Läden, Vereine und Organisationen, die den Igel als Maskottchen verwenden, noch eine

Weile fortsetzen. Beispielsweise wäre da eine nicht schlagende und nicht Farben tragende Tübinger Verbindung namens Igel zu nennen. Sie leitet ihren Namen daher ab, dass der Gründer seine Kommilitonen anno dazumal, genauer gesagt im Jahr 1870, mit »Du Igel!« ansprach und ihnen dabei freundschaftlich in die Rippen boxte, »und dann igelten sie sich alle gegenseitig an«, wie uns ein Sprecher der Verbindung sehr aufschlussreich mitteilte.

Aber wir denken, durch die genannten Beispiele haben wir zur Genüge deutlich gemacht, welch ein beliebtes Tier unser kleiner Stachelmops ist. So beliebt, dass gar ein Preis seinen Namen trägt: Der »Goldene Igel« ist ein vom Reservistenverband gespendeter Journalistenpreis. Seit 1993 wird er alle drei Jahre »für herausragende Arbeiten und ausgewogene und kritische Betrachtungen über Verteidigungsfragen« vergeben. Jetzt weiß man es genau und kann schon mal üben!

Auch ein Verlag nennt sich nach unserem speziellen Freund, und zwar deswegen, weil einer »seiner« Autoren, Paul Scheerbart, dem grimmigen Igel eine tragende Rolle in einem seiner Werke einräumte.

Übergehen dürfen wir aber ein Städtchen nicht, das dem Igel ganz besonders verbunden ist: Igel. Es liegt in der Nähe von Trier an der Mosel und ist bekannt durch seine Igeler Säule, ein aus rotem Sandstein errichtetes römisches Grabdenkmal. Das größte erhaltene römische Pfeilergrab nördlich der Alpen, nebenbei gesagt. Grund genug also, Igel einen Besuch abzustatten. Besonders überzeugte Igelfans können auch in das ehemalige Iglau, das heutige Jihlava, in Tschechien fahren, das gleich *zwei* Igel im Wappen trägt. Nun, und wer es näher haben möchte, kann nach Igelsbach fahren, das liegt bei uns gleich um die Ecke.

»Igel« wurde auch eine Bündnisurkunde im Salzburgischen genannt, weil sie auf allen vier Seiten mit Siegeln behangen war. So steht es jedenfalls geschrieben. Das Bündnis selbst hieß dementsprechend Igelbund und war daher rundum lückenlos und bombenfest. Weniger stabil dürften die Breslauer Gläser gleichen Namens gewesen sein, aus denen Bier getrunken wurde und die die Form von Römergläsern hatten.

Der Igel musste mit seinem Namen aber nicht nur für Urkunden, Gläser und Städtchen herhalten, auch alle möglichen anderen stachligen Dinge sind nach ihm benannt, wie beispielsweise eine bestimmte schwer zu erklimmende Bergwand. Den Seeigel, den Igelkaktus und den Igelfisch kennt jeder. Weniger geläufig dürften die Pflanzen Igelkolben, Igelginster, Igelnelke, Igelklee, Igelklette und die Igelgurke sein, zumal es die Letztere nur in Amerika gibt. Und die Igelkäfer, Igelwürmer und Igelratten klingen nicht unbedingt einladend. Auch kann das Pferd einen Igelfuß bekommen, eine recht unangenehme Krankheit, auf deren Details wir hier lieber nicht herumreiten wollen.

Wir haben inzwischen gesehen, dass nicht alles mit dem Namen Igel Verbundene unbedingt erfreulich ist. So dürfen wir schließlich auch nicht verschweigen, dass Schweinigel ein rechtes Schimpfwort war und ist. Das Beschimpfen ging aber auch ohne das Schwein, denn »zwiebelstinkender Haarigel«, »Surigel« und »Zornigel« waren als Betitelungen früher ebenfalls nicht unbeliebt. Auch der Igel als solcher diente manchem Dichter dazu, einen nicht eben netten Charakter zu beschreiben. So meint Theodor Fontane:

> Wurzel, Du bleibst doch, wie du bist,
> ein Igel an dir verloren ist,
> In der Tanzstund', als Bräutigam und nun ehlich
> Immer gleich aufbäumisch und unausstehlich.

Können wir das auf den Igeln sitzen lassen? »Aufbäumisch und unausstehlich«? Ganz gewiss nicht. Oder jedenfalls nicht oft. Falls nicht gerade jemand anders in ihrem Lieblingshaufen schläft, die Erdnüsse ausgegangen sind, kein eh-ke-liger Reis unter das Essen gemischt ist, es Wild statt Huhn gibt … sind sie kleine Engel. Ehrlich.

Ein süßer Exkurs

Da es uns auf der Seele liegt, dass wir der Wahrheit halber von mit Zimtsoße angerichteten Igeln und ähnlichen Schweinereien sprechen mussten, folgt hier die Wiedergutmachung. Ein süßer Exkurs also, obgleich er nicht nur süß, sondern auch salzig ist. Rezepte, in denen natürlich keine richtigen Igel eine Rolle spielen, die sich aber an deren niedlicher Form und ihrem Hauptcharakteristikum, den Stacheln, orientieren. Und *das* ist nicht nur erlaubt, es ist geradezu löblich.

Sicher gibt es Igel-süß-und-salzig-Rezepte, die raffinierter sind, als die von uns ausgewählten. Aber es geht uns nicht darum, künftige Konditormeister heranzuziehen oder mit bereits fertigen selbigen zu konkurrieren, sondern die Igel als solche anzupreisen. Und wenn die Mama mit dem Kinde kleine Schokoladenigel formt und ihm dabei vielleicht ein wenig von den richtigen Igeln erzählt, dann sind wir zufrieden. Aus diesem Grund werden wir auch mehrere Rezepte von Nougat-Igeln, Schoko-Pudding-Biskuit-Igeln, Igel-Mokka- und Igel-Kindertraum-Torten hier *nicht* referieren. Sie sind für unsere Begriffe so hochgradig kompliziert mit der ersten und zweiten Hälfte des ersten Teiges, mit denen man dies und jenes anstellt, sowie dem zweiten Teig, der dann auch noch irgendwann an die Reihe kommt, und da sind wir dann noch weit von der Füllung entfernt und die beiden Hälften des ersten Teiges schon verkohlt … dass einen schon beim Lesen die schiere Verzweiflung packen kann.

Wir beschränken uns also auf wenige einfache Rezepte, die selbst wir hinbekämen. Schließlich sind die Igel auch eher für das Einfache: uneingepackte Engerlinge, Spinnen pur und Regenwürmer möglichst ohne Erde dran.

Für schlichte **Schokoladenigel** brauchen wir:
Zwei Esslöffel Haferflocken, jeweils fünf Esslöffel Honig, Kakao und Milch, Schokoladenstreusel, eine Tüte Mandelstifte, ein paar Rosinen und siebzig Gramm Butter.

Butter, Haferflocken, Honig, Kakao und Milch werden miteinander zu einem schönen, glatten Teig verknetet. Anschließend rollt man eine dicke Teigschlange aus, die man je nach Wunsch in zwei, drei oder vier Zentimeter lange Stücke schneidet. Aus jedem dieser Stücke bildet man nun eine Kugel und wälzt sie in den Schokoladenstreuseln. Dann drückt man sie unten ein bisschen platt – ein Igel ist schließlich kein Kugelfisch – und steckt oben als Stacheln Mandelstiftchen hinein. Als Nase nimmt man eine Rosine und als Augen ebenfalls kurze Mandelstifte, obwohl die Igel dann eigentlich eher wie Frösche aussehen. Jetzt kommen all die vielen kleinen Igelein in den Kühlschrank, bis sie fest sind. Fertig!

Unser zweites süßes Rezept passt hervorragend zur unsinnigen Geschichte mit den Birnen spießenden Igeln des Hans Fallada: Wir wollen nämlich ein paar *echte* **Birnenigel** herstellen, die als Nachtisch oder Vortisch oder Zwischendurcherli gereicht werden können.

Man nimmt vier schöne, gelbe, reife Birnen, wäscht, halbiert und entkernt sie. Die Hälften werden mit der Höhlung nach oben in eine feuerfeste Form gelegt und mit ein bisschen Zucker bestreut. Nun füllt man einen Klecks Butter in jede Höhlung und spickt die Birnen mit Mandelstiften. Je nach Geschmack kommt nun Jogurt oder Schmand über das Ganze, und die Birnenigel werden etwa zehn Minuten bei 180 Grad gebacken. Wir würden ja eigentlich die Birnenhälften mit der Rundung nach oben legen, damit sie wie Igel ausschauen, aber so steht's nun mal im Rezept. Und wo sollte man dann auch mit der Butter hin …? Trotzdem: *Ganz* Wagemutige können es ja einmal andersherum probieren. Die Rosinennase nicht vergessen! Sie ist selbstredend ein äußerst schwacher Ersatz für das feuchte Brombeernäschen echter Igel, aber man tut halt, was man kann.

Nicht jeder steht auf Süßes, ein Teil der Bandinis auch nicht, und so folgt hier stante pede ein Rezept, das in einem uralten, zahllose Bände umfassenden Lexikon geschrieben steht, und zwar unter dem Stichwort Igel. Wir geben es hiermit originalgetreu wieder:

> »Igel ist auch ein gewisses Essen, so also angerichtet wird: Nehmet eine Kalbsleber, kochet dieselbe, reibet sie auf dem Reibeisen, schlaget drei oder vier Eier in geriebene Semmel und Gewürze, rühret es wohl untereinander, dass es recht trocken werde. Hierauf formieret es einem Igel gleich, nehmet Pinien und länglicht geschnittene Mandeln, bestecket den formierten Igel dichte damit, setzet ihn hernach im Backofen auf ein Blech oder Papier, lasset ihn fein gelb backen; ehe er aber gar ausgebacken, kann er zuvor mit ein wenig zerlassener Butter begossen werden. Wenn dieses geschehen, so setzet man ihn auf den Tisch zum Schauessen.«

Mit solchen neumodischen Albernheiten wie Backhitze, obere oder untere Schiene oder Backzeit gab sich die frühere Hausfrau nicht ab. Fein gelb muss der **Kalbsleberigel** werden, alles andere ist wurscht. Vielleicht bedeutet aber das mysteriöse Wort Schauessen am Ende des Rezeptes, dass man das Gericht anschließend nur andächtig betrachtet? In diesem Fall wären Backzeit und dergleichen tatsächlich wurscht …

Die Krähe, der Fuchs und der Igel

Vor langer, langer Zeit lebten (so wissen es die Mongolen) einmal ein Igel, eine Krähe und ein Fuchs wie Geschwister miteinander. Jeder sorgte allerdings für sein eigenes Fressen, denn ihre Geschmäcker waren verschieden. Als der Fuchs wieder einmal unterwegs war, geriet er in eine Falle, die ihm ein Jäger gestellt hatte, und war gefangen. Als er abends nicht nach Hause kam, machten sich die beiden Gefährten Gedanken, und der Igel ging los, um ihn zu suchen. Als er ihn gefunden hatte, flehte der Fuchs: »Liebes Brüderchen, bitte rette mich schnell!«

Der nicht sehr geschwisterlich gesonnene Igel aber dachte bei sich, dass er eigentlich gar keinen Nutzen davon hätte, wenn er den Fuchs befreite. Er wollte mit einer List den Jäger täuschen und anschließend den Fuchs auffressen. Es war nämlich ein gefräßiger Igel. Er knabberte also ein wenig an der Schlinge und erklärte dann, seine Zähne seien nicht scharf genug, die Krähe müsse her. Darauf versteckte er sich hinter einem Busch und schlief ein, während er darauf wartete, dass der Fuchs verreckte.

Derweil wurde die Krähe unruhig und machte sich ihrerseits auf die Suche nach ihren beiden Brüderchen. Sie fand den Fuchs, versuchte ihn zu befreien, schaffte es aber nicht und grämte sich.

Da kam der Jäger. »Pass auf«, rief die Krähe schnell, »lieg wie tot da, und wenn er dich aufhebt, werde ich dich retten.« Der Fuchs tat wie die Krähe ihn geheißen hatte, der Jäger machte die Schlinge los, lud sich den, wie er dachte, toten Fuchs auf den Rücken und ging wieder heimwärts. Unterwegs aber stieß die Krähe aus der Luft auf ihn herab, und der Mann ließ den Fuchs fallen, um die Krähe mit Pfeil und Bogen zu erlegen. Der Fuchs, nicht faul, schlug sich währenddessen in die Büsche. Der Pfeil des Jägers aber, der die Krähe hätte töten sollen, verfehlte sie und durchbohrte den schlafenden Igel.

Das ist also die Bedeutung des Satzes: »Ein Pfeil, der auf die Krähe geschossen wird, trifft den Igel.«

Heimtückisch wie die Affen – Allerlei Teuflisches

»Hast du nicht diesen König umgebracht?«
»Ich geb es zu.«
»Zugiebst du's, Igel? Nun so geb auch Gott,
dass du verdammt seist für die böse That!«
(Shakespeare, *Richard III.*)

Der Igel in dem eben angeführten Märchen ist keine Zierde seines Geschlechts. Ja, wir müssen uns für ihn schämen. Zu seiner Verteidigung kann höchstens geltend gemacht werden, dass er in der Mongolei wohnte, wo es draußen bekanntlich die meiste Zeit des Jahres ziemlich unwirtlich ist. Behaupten wir also, es sei Winter gewesen, und der Igel, anstatt in Winterschlaf zu gehen, sei wach geblieben, habe furchtbaren Hunger gehabt – und weit und breit waren keine Engerlinge in Sicht, weil unter dem meterhohen Schnee begraben. Klar, dass ihm da der Hunger die gute Seele verdarb. Es *muss* so gewesen sein, denn unser Igel ist kein Heimtücker, auch wenn der Graf von Buffon genau das von ihm dachte.

Der große französische Naturforscher hielt ihn tatsächlich für »heimtückisch wie die Affen« – und das alles nur, weil ihm einer einmal ein Häufchen in den Fressnapf setzte:

»Der Igel«, so schreibt der gute Graf, »ist sogar auf eben die Art heimtückisch wie die Affen. Einer, der in die Küche sich eingeschlichen hatte, traf in derselben einen kleinen Topf mit Fleische, welches er erst herausnahm, hernach aber seinen Unrath an dessen Stelle zurückließ.«

Da wollte nun der Igel extra sauber sein, keinen Dreck auf dem Boden hinterlassen – und nun wurde er für seinen guten Willen auch noch beschimpft. Das ist schon ziemlich arg. Buffon hätte ihn als kleine Pottsau bezeichnen können, als Ferkel, als Wutzchen, aber als *heimtückisch* ...? Leider war Buffon nicht der Einzige, der schlecht von dem guten Igel dachte.

Denn in der Tat wurde er eine Zeit lang mit dem Teufel gleichgesetzt. Und was eignete sich als anschauliches Bild für den Bösen, der die verderbten Seelen entführt? Der Igel, der auf seinen Stacheln Obst abtransportiert!

Und als solcher dient er zur Illustration diverser christlicher Schriften, darunter manch einer Bibel. Aber auch als Verzierung verschiedener Gebäude, wie etwa des Oxforder New College, und einiger Kirchen, beispielsweise der Kathedrale von Amiens, musste er herhalten.

So ganz sicher ist es allerdings nicht, ob sich nicht hinter all den »dämonischen« Igeldarstellungen auf Kirchen Spuren eines älteren Glaubens verbargen, einer Vorstellung, die der christlich-negativen genau entgegengesetzt war und also besagte, dass man mit dem Igel (wie wir ja schon erzählten) das Böse abwehren konnte. Die alten Bräuche saßen und sitzen tief. Das Christentum konnte sie zwar übertünchen, nicht aber ausrotten, und oft genug wurde das, was vorher heilig war, in sein Gegenteil verkehrt und dann eben als »abschreckendes Beispiel« verwendet.

Genau das könnte auch bei dem Igel der Fall gewesen sein. Und wenigstens im Fall der Nikolauskirche in Sachsenhausen wird die Igelverzierung – wenigstens heutzutage – positiv gedeutet. Hier ist ein Igel auf dem Tischaltar neben einem Hahn dargestellt. Er soll, wie es in der Beschreibung heißt, Klugheit und Erneuerung des Lebens (nach dem Winterschlaf) symbolisieren.

In früheren Zeiten taten christliche Eiferer allerdings ihr Bestes, um den Igel zu dämonisieren. Immer wieder fungiert er auch in Schöpfungsgeschichten als Symbol des Bösen. Da ist dann glatt vergessen, dass er es war, der einst ein Leck in der Arche Noah, das der Teufel bösartigerweise gerissen hatte, mit sich selbst stopfte! Selbst teuflisch soll er nun auf einmal sein, Sinnbild für lasterhafte, räuberische und obendrein noch ängstliche Sünder. So jedenfalls behauptete es der Erzbischof von Mainz, Hrabanus Maurus, vor mehr als tausend Jahren. Er soll nicht nur Erzbischof sondern auch Universalgelehrter gewesen sein, wie wir einem Lexikon entnehmen können. Aber so universal, dass er sich mit dem Igel auskannte, war sein Wissen nun auch wieder nicht. Wie so oft, wurde auch hier wieder nachgeschwatzt, was andere vorgeschwatzt hatten. Mumpiz eben.

Wenn wir uns ansehen, was alles den Hexen zur Last gelegt wurde, sind wir ganz schnell wiederum beim Igel. Die Hexen, das wusste jeder, bewirkten mit Vorliebe, dass den Kühen die Milch versiegte. Und dass Igel ganz scharf auf Kuhmilch sind und den Kühen in ihrer Gier an die Zitzen springen und die Euter leer saugen, haben wir schon gehört. Das passte also prächtig zusammen. Was lag näher, als den armen unschuldigen Mops als Hexentier abzustempeln? Die Igel waren demnach also im Bunde mit den bösen Unholden, die es mit Stumpf und Stiel auszurotten galt. Interessant in diesem Zusammenhang mag sein, dass man dem Igel in der arabischen Welt eine enge Beziehung zu den Dschinns nachsagt, die ihn unter anderem als Reittier benutzen sollen.

Erschwerend kam hinzu, dass die Hexen bestens über das Wetter Bescheid wussten. Sie konnten es nach Belieben verändern und es hageln, schneien oder aus Kannen gießen lassen. Ähnliches galt leider auch für den Igel. Er, das war schon in der Antike bekannt, kann nämlich das Wetter oder genauer den Wind vorhersagen, und der Landmann brauchte sich nur nach ihm zu richten. Kriecht der Igel nämlich in seinen Bau, so berichtet schon Plinius, dreht der Wind von Nord nach Süd. Weit später erklärt der Araber Ibn Abu'l-Hawafir, der Igel mache von Natur aus zwei Türen in seinen Bau: eine nach Süden, eine andere nach Norden. Wenn der Wind von Süden wehe, schließe er die betreffende Tür, wenn der Wind von Norden kam, die andere.

Was aber damals dem Igel vermutlich aus reinem Eigennutz als positiv angerechnet wurde, galt im Mittelalter als Verbrechen, als Maleficium. Nur Hexen waren zu derlei Teufelswerk in der Lage, und die nahmen nach Wunsch die Gestalt ihrer Lieblingstiere an – der Fledermaus, der Eule, der Katze und eben auch des Igels.

So war denn der Igel auf Jahrhunderte hinaus gebrandmarkt. Besonders Frauen mussten sich vor ihm in Acht nehmen, denn wenn sie zufällig einen Fuß auf einen setzten, wurden sie, so wusste man es in der Auvergne und an der Loire, augenblicklich schwanger und gebaren ein ganzes Nest voll kleiner Igel. Kühe hingegen, die das Gras fraßen, über das ein weiblicher Igel gelaufen war, wurden nicht nur krank, sie gaben auch keinen Tropfen Milch mehr. Kein Wunder also, dass schon der Anblick eines die Straße kreuzenden Igels in Frankreich als unheilvoll galt.

Aber das reichte noch nicht. Wenn es nicht die Hexe von nebenan war, dann war es er, der Erzbösewicht, der die Federn in den Kopfkissen harmloser Menschen zu so genannten Federkränzen oder Hexenkreuzen zusammenklumpen ließ. Eine schlimme Sache, nicht zum Lachen, nein, weil sich dann nämlich die Schläfer üble Krankheiten zuzogen, sobald sie ihren Kopf zur Ruhe betteten. Wie der Igel dieses Kunststück allerdings zuwege bringen sollte, darüber zerbrach sich wohl niemand den Kopf.

Keine Chance also für den armen, runden, harmlosen Kerl, der keiner Fliege, na schön, keinem Fuchs, keiner Krähe und auch keinem Menschen was zuleide tut, und der wie die Hexen bei lebendigem Leib verbrannt wurde.

Da hatten's die Seeigel besser, die hockten gemütlich im Meer, und wer drauftrat, holte sich wunde Füße.

Damit wir die düsteren Zeiten, in denen der Igel verteufelt wurde, ganz schnell wieder vergessen, erzählen wir rasch noch eine kirgisische Geschichte, aus der klar hervorgeht, wes Geistes Kind der Igel *wirklich* ist:

Einst grollte der Teufel der ganzen Welt und verdunkelte deshalb die Sonne. Alle Tiere der Erde versammelten sich, um auf Abhilfe zu sinnen, aber es fiel ihnen partout nichts ein. Da bemerkten sie, dass der Igel fehlte, den sie zwar für das schönste Tier hielten, aber nach Kräften quälten. Außerdem fraßen sie sein süßes Fleisch – und zwar ganz besonders die Mäuse. Also schickten sie den Löwen, den Tiger und den Schakal als Abgesandte zu ihm.

Der Igel jedoch ließ ausrichten, er käme nur, wenn er von Gott ein Kleid erhielte, das ihn vor seinen Feinden schützte. Gut, er bekam sein Stachelkleid und ging zu der Versammlung. Dort verkündete er weise, man möge dem Teufel als Aufgabe geben, bis zum Mittag aus Sand, Leder und aus Öl zwei Stricke zu fertigen und aus beiden anschließend ein Paar Stiefel zu nähen.

Gesagt, getan. Die Tiere waren begeistert von dieser blitzgescheiten Idee, der Teufel weniger. So sehr er sich auch abmühte, er schaffte es nicht, diese Aufgabe zu lösen, und musste die Sonne wieder hell scheinen lassen. Seitdem ist der Igel ein heiliges Tier.

Graf Heinrich und der Igel

Im Laufe der Jahrhunderte gab es in Europa ungezählte, mehr oder weniger hoch gekrönte, weltliche und kirchliche Heinriche. Damit man nicht durcheinander kam, erhielten sie entweder eine Zahl hintendran oder einen Beinamen (manchmal auch beides). Da gab es also den Fetten, den Guten, den Frommen, den Langen, den Kahlen und schließlich auch einen, der hieß der Eiserne. Ein hessischer Landgraf war er, der im 14. Jahrhundert lebte. Warum er seinen rüstigen Beinamen erhielt, wissen wir nicht, und es soll uns hier auch nicht weiter kümmern. Wesentlich an ihm ist für uns nur, dass er eine schicksalsschwere Begegnung mit einem Igel hatte.

Eines Tages war er auf der Jagd in der Gegend des hessischen Fürstenberg. Seine Hunde hatten einen prächtigen Hirsch ausfindig gemacht und verfolgten ihn. Das arme Opfer geriet verständlicherweise in Panik, rannte durch das Stadttor nach Fürstenberg hinein, durchquerte die Stadt im gestreckten Galopp, bis es wieder zur Stadtmauer kam, und sprang drüber weg. Halten wir uns nicht mit der Frage auf, wie hoch diese Stadtmauer wohl gewesen sein mag, und beobachten wir den Fürsten, der dem Hirsch durch das Städtchen gefolgt ist. Er sieht das Tier springen, will ihm nachsetzen – da scheut sein Pferd vor einem Igel, der seinen Weg kreuzt!

Heinrich der Eiserne wird zunächst wohl geflucht haben, dann aber hatte er allen Grund, sich von Herzen zu freuen. Es stellte sich nämlich heraus, dass hinter der Mauer ein steiler Abgrund lag, in dem sich der Hirsch zu Tode gestürzt hatte. Und das gleiche Schicksal wäre natürlich dem Grafen beschieden gewesen, wenn nicht der Igel gewesen wäre. Und natürlich das Pferd, das scheute.

Heinrich der Eiserne hob den Igel auf, brachte ihn dem Bürgermeister von Fürstenberg und stiftete einen Betrag, damit ihm zu Ehren alljährlich ein Fest gefeiert werden konnte. So weit, so gut. Nicht gut allerdings ist, dass der Gefeierte für seine heldenhafte Tat an eine goldene Kette gelegt wurde. Das hat man nun davon, wenn man Fürsten das Leben rettet!

Dieses Fest aber gibt es in Fürstenberg (das heute zu Lichtenfels gehört) bis auf den heutigen Tag. Es findet alljährlich am Montag vor Pfingsten statt, und immer noch ist ein lebender Igel zum Entsetzen der Tierschützer die Hauptperson. Er wird im Triumphzug durch die Stadt geführt, dann hält ein so genannter Igelhauptmann eine Ansprache, und weiter geht's mit Musikbegleitung zur Festhalle, wo Freibier ausgeschenkt wird. Heinrich der Eiserne könnte sich also nicht beklagen. Der, das sollten wir doch noch ergänzen, wurde übrigens (hieß er vielleicht deshalb so?) angeblich mehr als hundert Jahre alt. Und das hatte er also ganz allein dem Igel zu verdanken.

Alle Igel heißen Rosi: Zwerge und Profit

Unser Papagei mit dem sogdischen Nachnamen, Bärchen Pekakk, ist wie alle Graupapageien außerordentlich gescheit. Er macht einen sehr genauen Unterschied zwischen solchen Lebewesen, die ihm Konkurrenz machen könnten – wie der dicke Besen, der es wagt, *seinen* Wintergarten auszukehren, oder das Sockenknäuel, dem das Unglück beschieden ist, rot zu sein – und denjenigen, die lieb und harmlos sind. Auf Erstere stürzt er sich mit Mörderaugen, auf Letztere richtet er einen milden Blick und spricht dazu mit seinem väterlichsten Stimmchen: »Na, Rosi!«

Damit ist alles gesagt. Rosi heißt unser »gutes« Kaninchen. Rosi ist süß und knuddelig, in dieser Hinsicht also bedrohlich konkurrenzfähig. Glücklicherweise ist sie aber auch – wie Bärchen längst herausgefunden hat – von recht kurzem Verstand. Und das gab für ihn den Ausschlag. Jemand, der sich in seiner Jugend von ihm (Bärchen) ein Loch ins Ohr stanzen ließ, ohne zurückzubeißen, ist wahrhaft beschränkt und mithin ungefährlich. Wir können so ein Geschöpf sicher nicht lieber haben als ihn. Da heißt es also großmütig sein und drüberstehen.

Auch die Blaumeise oder der Zaunkönig, die sich zuweilen in den Wintergarten verirren, sind Rosis, die jungen dicken Spätzchen ebenso wie der blinde zerrupfte Nymphensittich, das Rotkehlchen und die Amsel, die wir in Pflege hatten. Und nach einigem Zögern schließlich auch die Igel – zu unserer großen Erleichterung.

Das war obergescheit von ihm, denn sonst hätte er täglich Grund genug, sich aufzuregen. Aber da sie nur auf dem Boden herumkriechen und nicht fliegen können, und sich vor allem morgens nicht an seinen Haferflocken vergreifen, besteht für

Bärchen kein Grund zur Sorge. Sogar als eine der Schwesterchen Brontë sich auf seinen mit Sonnenblumenkörnern gefüllten Napf stürzte, betrachtete er diesen Übergriff nur höchst verwundert und kommentierte seelenruhig mit Zuckerstimmchen: »Na komm, Rosi, komm!«

Und obwohl ihm durchaus nicht zu trauen ist, glauben wir ihm, denn Igel sind harmlos und lieb und süß, ganz im Gegensatz zur Riesenlibelle, die Bärchen als gefährlich erkannt hat und keineswegs als Rosi bezeichnet.

Dass aber alle Igel Rosi heißen – und das war der Sinn dieser langen Einleitung –, haben inzwischen leider Gottes auch Menschen begriffen, die Tiere als nettes Spielzeug betrachten. Dazu eignet sich hervorragend, wie sie meinen, ein winziger Vetter unseres einheimischen Igels, der afrikanische Zwergigel. Er ist nicht nur klein und niedlich, er ist auch leicht zu handhaben und genügsam. Er lässt sich bequem in einer Kiste halten und mit Trockenfutter ernähren – kein Dreck also und keine Arbeit. Er jammert nicht über sein Schicksal, rupft sich die Federn nicht aus und schaut nicht traurig drein, weil er nämlich, so ein Zeitungsbericht, überhaupt keinen Gesichtsausdruck hat. Er ist mithin der perfekte Schildkrötenersatz, nur viel netter. Nicht mal frischen Salat braucht man zu kaufen.

Damit die Sache aber auch nicht langweilig wird, kann man sich einen Igel mit der gewünschten Farbschattierung aussuchen, passend zur Wohnungseinrichtung oder der Sofadecke. Der »International Hedgehog Club« (einer der vielen Igelclubs) informiert uns in seinem Farbkatalog über die möglichen Varianten. Da finden wir neben Grau, Braun und Schokolade die unterschiedlichsten Schattierungen von Aprikose, Champagner, Silber, Salz-und-Pfeffer über Schokoladensplitter, Schneeflocke, Holzkohle bis zu Platin, Algerisch und so weiter. Eine der beliebten Mischungen der inzwischen fast vierzig »zugelassenen« Farbtöne heißt »Cinnicot«, ein Wort, das es im Lexikon nicht gibt. Es wurde eigens für die Igel aus

*Cinna*mon (Zimt) und Apri*cot* (Aprikose) zusammengebastelt. Cinnicot-Igel haben je nach Farbschattierung jeweils einen bestimmten Prozentsatz an zimt- und aprikosenfarbigen Stacheln. Bildhübsch also.

Die aufmerksamen Leser sind hoffentlich über das Wort »zugelassen« gestolpert und fragen sich nun: zugelassen wozu? Hühner- und Taubenzüchter können sich die Antwort denken: zu Ausstellungen nämlich, genauer gesagt zu so genannten »Hedgehog Shows«, die in den USA inzwischen wie die Pilze aus dem Boden geschossen sind. Da wird beispielsweise die jährliche Frühjahrs-Igelshow am 22. April in Tacoma, Washington, angepriesen. Eine andere findet am 17. Juni bei den Niagarafällen statt, eine dritte am 20. Mai in Anchorage, Alaska. Und in Iola, Kansas, wird am St. Patrick's Day das Igelfest abgehalten. Wer gern selbst eine solche Show organisieren möchte, kann sich jederzeit im Internet über sämtliche Details informieren.

Ja, es lohnt sich für jeden stolzen »Hedgie«-Besitzer dabei zu sein, auch für die mit Senioren-Igeln, das heißt solchen über vier Jahre. Wobei das bei dieser Kisten-Trockenfutter-Haltung die absoluten Ausnahmen sein dürften. Die wenigen Veteranen dürfen dann am Seniorenwettbewerb teilnehmen. Wirklich wahr!

Aber nicht, dass man nun denkt, jeder Eigentümer eines Zwergigels mit zugelassenem Farbton könne bei einer solchen Show einen Preis einheimsen, weit gefehlt! Wer, um nur ein Beispiel zu nennen, einen theoretisch silber-zimt-schneeflockigen Igel besitzt, hat nur dann eine Chance auf den Sieg, wenn die Schulterhaut des Tieres rosa, die Nase leberfarben, die Augen schwarz und das Bauchfell nicht gefleckt sind. Der Silber-Holzkohlen-Igel dagegen muss eine dunkelgraue Schulterhaut, eine schwarze Nase, schwarze Augen und ein paar Bauchflecken aufweisen. Pech für den Armen, wenn ein Merkmal nicht stimmt. Er wird niemals in seinem vermutlich recht kurzen Leben ein Champion werden. Igel mit offenen Wunden und anderen »körperlichen Beschränkungen« sind übrigens nicht zugelassen.

Wer noch nie auf Hühnerzucht-Vereinsfesten war, wird so etwas kaum glauben. Begutachtet werden neben diesen wesentlichen Details auch das Temperament, die Stacheln, die Ohren, Beine, Füße und die Gestalt. Wir wagen kaum, uns auszumalen, was mit den vielen Igelbabys angestellt wird, die von vornherein nicht die richtigen Farbkombinationen aufweisen. Hühner, Hähne und Karnickel werden geschlachtet …

Wirklich schlecht aber kann einem werden, wenn man sieht, was *noch* beurteilt wird: Bei einer solchen Show findet nämlich auch ein Kostümfest statt. Nicht etwa für die Menschen, wogegen nichts einzuwenden wäre, nein für die armen Igelchen, die mit ihren Zimt-Aprikosen-Farben und ihren Besitzern offenbar noch nicht genug geschlagen sind.

Sie werden tatsächlich mit Hütchen und Schleifchen und was noch allem verziert, bis sie aussehen wie italienische Eiskugelbecher mit China-Schirmchen. Doch damit nicht genug. Anschließend werden sie in kleine, nette Puppenhäuschen mit künstlichen Mini-Geranien vor dem Fenster oder in adrette umzäunte Papp-Plastik-Gärtchen gepfercht und auf diese Weise zur Schau gestellt und von Richtern beurteilt.

Zu einer echten Show gehören selbstredend auch die Hedgie-Souvenirs, die so genannten »Hedgehogabilia« – angefangen bei Hedgie-Decken und Hedgie-Schlafsäcken über Igelfigürchen aus Sterlingsilber, Teller, Igelmagneten, Schilder mit der Aufschrift »Vorsicht Igel«, bis hin zu Aufklebern aller Art. Ein boomender Witschaftszweig, wie sich denken lässt. Die Igel-Zwerge sind teuer und werfen für clevere Geschäftsleute dementsprechend hohe Profite ab.

Kurz, die Hedgie-Welle rollt, und zwar so sehr, dass inzwischen schon die Frage erörtert wird, ob die Igelchen sich als Klassenzimmer-Haustiere eignen. »Ja«, ist die Antwort einer

Berufenen, einer, die sich auskennt: »aber sicher. Vorausgesetzt, sie werden an den Wochenenden und in den Ferien mit heimgenommen und von den Kindern nicht als Krocketball benutzt, wenn die Lehrerin nicht hinschaut.« Wir fassen es nicht. Gnade den armen Igeln, die für Erziehungszwecke als Klassenigel missbraucht werden! Wir hoffen von Herzen, dass diese Igel-als-Haustier-Welle so schnell abebbt, wie sie gekommen ist, und die langweilig gewordenen Tierchen nicht wie manch ein Alligatorbaby die Toilette runtergespült werden!

Unsere Schwesterchen Brontë hätten gegen einen Hedgie-Schlafsack sicher nichts einzuwenden. Gegen Hütchen, Schirmchen und Puppenhäuschen aber ganz bestimmt. Und was irgendwelche rassistischen Standard-Listen angeht, nach denen ihre niedlichen Brombeer-Schnäuzchen und weichen Bäuchlein die oder die Farbe zu haben hätten … pah. Da können sie nur lachen.

Sie haben es gut, *sie* können über so etwas lachen. Sie wohnen nicht in engen Kartons oder Käfigen, haben heute Abend Hackfleisch mit Ei zu fressen bekommen und dürfen im Frühjahr die Gärten und Wiesen der Umgegend erkunden. Ihre kleinen, gefangenen, silberaprikosenfarbenen afrikanischen Vetterchen dagegen … na, schweigen wir lieber.

Ein russischer Igel oder: So nicht!

Einmal ging ich am Ufer unseres Baches entlang und fand unter einem Strauch einen Igel. Er hatte mich auch bemerkt, rollte sich zusammen und machte tuk-tuk-tuk. Es klang ganz so, als liefe in der Ferne ein Motor. Ich berührte ihn sachte mit meiner Stiefelspitze; er fauchte furchtbar und stieß mit seinen Stacheln gegen den Stiefel.

»Ah, so bist du zu mir!«, sagte ich und stieß ihn mit der Stiefelspitze in den Bach. Im Wasser machte sich der Igel gleich gerade und schwamm wie ein kleines Schweinchen zum Ufer, nur dass an Stelle der Borsten die Stacheln aus dem Rücken ragten. Mit einem kleinen Stock rollte ich den Igel in meine Mütze und trug ihn nach Hause.

Mäuse hatte ich reichlich; ich hatte gehört, dass Igel Mäuse fangen, und beschloss: er soll bei mir leben und Mäuse fangen. So legte ich dieses stachlige Etwas auf den Fußboden mitten ins Zimmer, setzte mich an den Schreibtisch und beobachtete ihn von dort aus. Er lag nicht lange bewegungslos. Sobald ich am Tisch still wurde, reckte er sich, sah sich um, ging hierhin, dorthin und wählte sich endlich einen Platz unter dem Bett, wo er ganz still wurde.

Als es dunkelte, steckte ich die Lampe an, und siehe da, der Igel kam hervorgekrochen. Die Lampe hielt er wohl für den Mond. Die Igel laufen gern im Mondschein auf den Waldwiesen umher.

Ich nahm meine Pfeife und zauberte ihm eine Wolke neben den Mond. Da wurde es ganz so wie im Walde: der Mond, Wolken, und meine Beine waren wie Stämme der Bäume, und wahrscheinlich gefiel es dem Igel gut, denn er lief zwischen ihnen umher und rieb sich mit den Stacheln am Hacken meiner Stiefel.

Ich las die Zeitung zu Ende, ließ sie auf den Boden fallen, ging zu Bett und schlief ein. Ich schlafe immer sehr leicht. Im Schlaf hörte ich ein Rascheln im Zimmer, zündete mit einem Streichholz eine Kerze an und merkte gerade noch, wie der Igel unter das Bett flitzte. Die Zeitung lag nicht mehr am Schreibtisch, sondern in der Mitte des Zimmers. Ich ließ die Kerze brennen und überlegte, wozu wohl der Igel die Zeitung brauchte. Bald darauf kam er hervor, lief unmittelbar zur Zeitung und um sie herum, raschelte und raschelte. Endlich hatte er es heraus: er pickte sich eine Ecke des Blattes auf die Stacheln und schleppte das riesige Ding in seine Ecke.

Da verstand ich ihn: die Zeitung brauchte er wie im Walde das dürre Laub, er schleppte sie weg für sein Nest; bald darauf hatte er sich ganz darin eingewickelt und ein richtiges Nest gemacht.

Sobald er mit dieser wichtigen Sache fertig war, kam er aus seinem Bau heraus, blieb vor dem Bett stehen und starrte auf die Kerze – seinen Mond. Ich zauberte wieder eine Wolke und fragte ihn: »Was willst du denn noch?«

Der Igel fürchtete sich nicht.

»Willst du trinken?«

Ich erhob mich, und der Igel lief nicht davon. Ich nahm einen Teller, stellte ihn auf den Fußboden, brachte einen Wassereimer. Dann tat ich Wasser in den Teller und wieder zurück in den Eimer mit viel Lärm, als plätschere ein Bach.

»Na komm schon, komm«, sagte ich, »sieh mal, ich habe für dich einen Mond gemacht, Wolken gezaubert, und hier hast du auch Wasser.«

Da kam er auch schon heran. Ich rückte ihm meinen See näher. Er rückte ein Stückchen, und ich rückte ein wenig. So kamen wir denn auch zusammen.

»Trink«, sagte ich schließlich.

Und er schleckte. Ich fuhr ihm ganz sachte über die Stacheln, als streichelte ich ihn und sagte dazu: »Du bist ein guter Bursche, ein guter Bursche!«

Als er fertig war mit Trinken, sagte ich: »Komm, wir wollen jetzt schlafen«, und machte das Licht aus.

Ich weiß nicht, wie lange ich schlief, doch mit einem Mal hörte ich: wieder arbeitet jemand in meinem Zimmer. Im Schein der Kerze sah ich den Igel durchs Zimmer laufen, auf seinen Stacheln war ein Apfel aufgespießt. Im Nest brachte er ihn unter und lief gleich, einen zweiten zu holen. Im Winkel stand ein Sack mit Äpfeln, aus dem einige herausgefallen waren. Er lief an einen Apfel heran, kugelte sich neben ihm zusammen, zuckte nach ihm hin und lief davon – auf dem Rücken den Apfel.

So blieb der Igel bei mir wohnen. Wenn ich jetzt Tee trinke, nehme ich ihn unbedingt zu mir auf den Tisch. Gebe ich ihm Milch, trinkt er sie, gebe ich ihm ein Stück Brot – frisst er aus der Hand.

(Michail Prischwin)

Michail Prischwin mag ein guter russischer Schriftsteller gewesen sein und sich auf seinen ausgedehnten Wanderungen durch das Land eine gute Kenntnis der Natur angeeignet haben. Das, was er mit dem Igel anstellte, selbst nur mit Worten, zeugt jedenfalls nicht von Liebe zum Tier. Und die Sache mit den Äpfeln – nun, wir haben ja schon ausführlich darüber geredet, diese Zutat dürfte schlicht erfunden sein. Fest steht allerdings, dass nicht wenige Igel, ob in Russland oder woanders, im Haus gehalten wurden, um die Mäuse, die Kakerlaken und ähnliches »Ungeziefer« in Schach zu halten. Vermutlich konnten sie von Glück sagen, wenn sie zu dieser Diät auch noch Brot und Milch bekamen.

Diese Zeiten sind glücklicherweise vorbei, und wenn wir von den afrikanischen Zwergigeln absehen, die auf amerikanischen Igelshows kandidieren müssen, geht es den Igeln in dieser Hinsicht heute besser als früher.

In *dieser* Hinsicht, wohlgemerkt, denn andererseits sind sie heutzutage weit schlimmer dran als je zuvor. Igel haben große Reviere. Um den Bauch voll zu bekommen, müssen sie sich im Allgemeinen ganz schön abstrampeln und pro Nacht mehrere Kilometer laufen. Das ist ganz in Ordnung, und sie bewegen ja auch liebend gern ihre Beinchen. Nur müssen sie bei all der Anstrengung schließlich genug Fressbares finden.

Und da sind wir bei einem der beiden Hauptprobleme für den heutigen Igel angelangt. Einem gewaltigen Problem, an dem wir Menschen schuld sind und kein anderer. Wir haben in den letzten Jahrzehnten den Lebensraum der Igel (und nicht nur der Igel!) systematisch zerstört. Wir haben so viel Gift gespritzt, dass in manchen intensiv bewirtschafteten Gegenden kaum noch Insekten leben und Blumen wachsen. Wir haben die Feldraine abgeholzt und die beim Säen und Mähen störenden Bäume gefällt. Wir düngen, was das Zeug hält, und erbauen uns an kurz geschorenen Rasenflächen, in denen kein Gänseblümchen aufkommen darf.

Es ist ein wahres Wunder, dass der Igel diesen massiven Eingriff in seinen Lebensraum bis heute überlebt hat. Wir haben zwar ausgedehnte Wälder, das stimmt. Nur besiedelt die der Igel leider kaum. Also wo soll er sich tagsüber verkriechen, wenn es kaum noch Feldgehölze gibt? Wo soll er seine Engerlinge hernehmen, wenn wir sie ihm vergiften? Und wo seine Jungen großziehen, wenn er keine geeigneten Reisighaufen mehr findet?

Der Igel ist anpassungsfähig und hat schnell begriffen, dass es ihm in der Nähe der menschlichen Siedlungen heutzutage noch am besten geht. Es findet sich doch der ein oder andere Garten, der nicht nach Saubermann-Manier aufgeräumt ist. Wo es einen Komposthaufen gibt, Bodendecker zum Drunterkriechen und, wenn er Glück hat, auch ab und an ein Maulvoll Katzenfutter oder was Leckeres aus der Mülltüte, wobei er hoffen muss, dass er nicht, der Stacheln wegen, in einer Dose oder einem Jogurtbecher stecken bleibt, wie es oft genug vorkommt. Aber mehr als das droht ihm vor allem in besiedelten Gebieten die zweite wesentliche Gefahr: die Straßen.

Etwa eine Million Igel werden allein in Deutschland jährlich überfahren! Platt gefahrene Igel sind inzwischen ein solch gewohnter Anblick, dass der Künstler Raffael Rheinsberg als Mahnzeichen sieben davon aufsammelte, in Teer goss und ein Kunstobjekt namens »Sieben tote Igel in Teer« daraus machte! Nicht einmal bremsen darf man, denn: »Wer für einen Igel bremst, haftet bei einem Unfall«! Kein Wunder, dass die Igel bundesweit auf der roten Liste der geschützten Tiere stehen.

So, und jetzt kommen diejenigen ins Spiel, die da immer noch der festen Überzeugung sind und sie auch lauthals verkünden, die Igel müssten selbst zusehen, wie sie klarkommen. Igeln zu helfen, sei es durch Zufütterung, sei es, indem Kranke und Untergewichtige überwintert werden, widerspreche den Gesetzen der natürlichen Auslese. Wir haben dieses Argument wieder und wieder gelesen und gehört, unter anderem ausgerechnet von Naturschützern und Tierärzten.

Ganz falsch, müssen wir und jeder Nachdenkende da erwidern. Falsch aus dem eminent wichtigen Grund, dass die natürliche Auslese bei einem intakten Lebensraum zum Zuge kommen sollte – nicht, wenn wir Menschen den Tieren diesen vormals intakten Lebensraum zerstört haben. Wir haben von Igeln gehört, die auf ein Gartenareal von zwei Quadratkilometern beschränkt sind. Außerhalb davon gibt es nur Straßen und Häuser und Straßen und wieder Häuser. Wie würde das auf menschliche Verhältnisse übertragen aussehen? Ganz einfach: Stellen wir uns vor, dass wir Stadtbewohner keine Läden zum Einkaufen hätten, sondern darauf angewiesen wären, uns unsere Nahrung tagtäglich selbst zu beschaffen – wie und auf welche Weise auch immer – oder gefälligst zu verhungern, weil wir also nicht überlebensfähig sind.

Die Igel auf dem zwei Quadratkilometer großen Areal sind allein deshalb nicht überlebensfähig, weil sie schlicht und einfach nicht genug zum Fressen finden *können*.

Und, so fragen wir die Gegner der Igelhilfe, muss es bei den Igeln erst so weit kommen wie bei den Wanderfalken, Kranichen, Auerhähnen und Uhus, um nur einige wenige zu nennen? Ist es nicht vollkommen widersinnig, abzuwarten, bis eine Tierart so weit dezimiert wurde, dass es fast zu spät ist und dann mit aller Macht zu versuchen, sie wieder anzusiedeln? Horste zu bewachen, Felder extra für sie zu bepflanzen, Küken aufzuziehen und anschließend mühsam auszuwildern? Hätten diese mühseligen, zeitaufwändigen und teilweise kostspieligen Maßnahmen nicht im Vorhinein vermieden werden können, wenn man den Tieren *rechtzeitig* geholfen hätte?

Wiederholt begegneten wir und ebenso andere Igelpfleger dem Argument, die Tiere seien, einmal an menschliche Obhut gewöhnt, nicht mehr imstande, sich in der Freiheit allein zurechtzufinden, weshalb die Hilfe abzulehnen sei. Um genau diese Behauptung zu überprüfen, wurden mehrere Versuche mit überwinterten Igeln durchgeführt. Die Tiere wurden mit Minisendern versehen und monatelang überwacht. Das Resultat war, dass sich die Igel überwiegend problemlos in der Natur zurechtfanden. Es handelt sich bei ihnen schließlich nicht um seit Jahrhunderten überzüchtete Tiere, die ihre natürlichen Instinkte längst verloren haben, wie etwa die Goldhamster oder Rehpinscher.

Zum Lächeln sind auch die Versuche mancher Wissenschaftler und Tierärzte, den schutzbefohlenen Igelchen der Distanz halber nur ja keine Namen zu verpassen, sondern allenfalls Nummern. Unser Tierarzt schrieb bei den ersten Igeln, die wir anbrachten, immer nur »weiterer Igel«, bis wir ihn eines Besseren belehren konnten. Wir möchten den sehen, der zu einem Igel, den er in vielen langen Tagen und Abenden aufpäppelt und umsorgt, *keine* persönliche Beziehung entwickelt. Und was läge näher, als das Igelbaby, das sich anfangs mit Karotten-Alete begeistert das Mäulchen verschmierte, »Möhrchen« zu nennen und nicht »Nummer 23«? Es ist nicht nur natürlich, sondern auch gut und richtig, *dass* man ein persönliches Verhältnis zu seinen Pfleglingen aufbaut; dass man sich einfühlt, sich eindenkt in ein unbekanntes Leben, um herauszufinden, was getan und was gefüttert werden muss. Denn Igel sind in dieser Hinsicht ebenso wenig über einen Kamm zu scheren wie wir Menschen. Außerdem ist es ihnen letztlich herzlich egal, ob sie nun Harry oder Möhrchen, Knucker-Willi oder »weiterer Igel« heißen. Wesentlich für den kranken oder unterernährten Igel ist einzig und allein, dass ihm eine Chance zum Überleben geboten wird. Und diese Chance bekommt er nur dann, wenn wir –

das heißt, möglichst viele Menschen – das Herz haben, uns um ihn zu kümmern.
Wir fahren oft an die Nordsee und finden beinahe in jedem Winter am Strand teerverklebte Trottellummen, die wir mitnehmen, unter erheblichem Aufwand säubern, mit Fisch füttern und schließlich in eine Auffangstation weiterleiten, wo sie bleiben, bis sie nach der Mauser neue Federn bekommen haben und wieder ausgesetzt werden können. Mit wirklichem Entsetzen haben wir aber immer und immer wieder festgestellt, wie Strandspaziergänger an diesen Tieren vorbeilaufen, ohne sie auch nur eines Blickes zu würdigen. Leute mit Hunden, Leute mit Kindern. Leute also, von denen man Herz erwarten könnte. Nicht sie haben den Teer oder das Öl ins Meer gekippt, das stimmt. Aber sie gehören genau wie wir zu der Spezies, die für solche Schweinereien verantwortlich ist – und die Opfer solcher Schweinereien haben deshalb Anspruch auf unsere Hilfe. Für viele ist es zu spät, für viele aber auch nicht.

Genauso ist es mit den Igeln. Für manche der halb verhungerten, mit Parasiten buchstäblich verseuchten Igel, die wir gebracht bekommen, können wir nichts mehr tun. Für viele von den Kleinen kommt deshalb jede Hilfe zu spät, weil sie aus Nahrungsmangel Hundekot fressen müssen und sich dadurch Bakterien einfangen, die sie umbringen.

In diesem Winter schleppte sich ein solches Igelkind mit letzter Kraft bis auf den Fußabtreter eines Hauses im Nachbardorf. Wir haben ein Wochenende lang versucht, den Kleinen wieder auf die Beine zu bringen, wir waren mit ihm beim Tierarzt, wir haben ihn entfloht und etwa dreißig Zecken entfernt. Unsere Mühe war umsonst, der Igel spuckte Blut und starb. Es war schrecklich – und trotzdem. Wir werden die gleiche Mühe bei jedem weiteren kranken Igel wieder investieren. Und wir sind glücklicherweise nicht die Einzigen.

Natürlich hat nicht jeder die Möglichkeit, Igel bei sich zu Hause zu überwintern, aber jeder, absolut jeder hat die Möglichkeit, einen kranken Igel aufzuheben und an entsprechende Stellen weiterzuleiten – und sei es an das nächste Tierheim. Kein Igel und auch kein anderes Tier sollte drei Tage halb tot an einem Bahndamm liegen müssen, an dem täglich viele Spaziergänger entlanglaufen, bis sich endlich jemand seiner erbarmt. Das Igelchen, dem genau das widerfuhr, hatte Glück, es hat überlebt. Es ist jetzt gesund und rund und kann im Frühjahr in die Freiheit entlassen werden. Dank eines barmherzigen Menschen, der ihn aufsammelte und eines anderen, der ihn aufopfernd pflegte.

Über das ganze Land verstreut gibt es Igelstationen und Igelkrankenhäuser, die von Freiwilligen geleitet und betreut werden, die Zeit, Mühe und Geld investieren, um den Igeln zu helfen. Uns allen war und ist klar, dass wir im Rahmen unserer Möglichkeiten dazu beitragen müssen, Leid zu lindern, für das letztlich wir verantwortlich sind. Dass wir denjenigen beistehen müssen, die lange vor uns auf der Welt waren und daher mindestens eine ebenso große Daseinsberechtigung haben wie wir.

Und das sind nicht nur, aber auch die Igel!

Epilog

Inzwischen ist es Mai geworden. Der Star füttert unter unserem Dach, die Kohlmeise in der Magnolie füttert, und unsere Igel sind alle ausgeflogen. Als wir eines schönen warmen Tages Ende April das Wintergartenigeltürchen öffneten, verschwand zuerst Charlotte. Sie war es gewesen, die morgens, während die anderen bereits friedlich vor sich hin schnarchten, immer noch herumlief, weil alle guten Plätze längst besetzt waren. Ob sie jetzt einen schönen Schlafhaufen gefunden hat?

Dann gingen auch die anderen, eins nach dem anderen. Anne Brontë und – immer noch recht mager, aber wohlgemut – die Erbtante Virginia. Ja, und auch unsere Emily und Harrison Ford trollten sich. Und hier ist ein Happy End nachzutragen, denn ausgerechnet unsere kleine Schlafmütze hat er sich angelacht. Er, der mit seinen stolzen 1500 Gramm zu einem echten sanftmütigen und bildschönen Igelhünen herangewachsen ist, hat sich ausgerechnet in unsere Kleinste verguckt. Ab Februar waren die beiden nachts unzertrennlich und drehten allabendlich schnaubend und prustend Kornkreise im Stroh. Ob Emily bald irgendwo da draußen seine Jungen austrägt?

Schließlich ging auch unsere Miss Daisy. Nach einem Winterschlaf von fast drei Monaten, der an ihren Pfunden gezehrt hatte, ist sie, gut aufgepäppelt, den Spuren der anderen gefolgt. Wir sorgen uns ein wenig um sie. Wird sie *ABNEHMEN*? Furchtbarer Gedanke. Aber wir haben sie gehegt und gepflegt und unter den besten Voraussetzungen in die Freiheit entlassen. Und hinter unserem Garten gibt es Felder und Streuobstwiesen. Sie wird genug zu fressen finden.

Der Wintergarten ist generalgereinigt, die igellose Küche

blitzt, und wir müssen keine sechs hungrigen Mäulchen mehr stopfen. Ein paar Monate lang jedenfalls. Dann kommt der Herbst und mit ihm bestimmt neue kleine, unterernährte, kranke Igel, die Hilfe brauchen. Eine Jeannie vielleicht, ein James, eine Yolanthe oder ein Bobby. Wir werden sehen.

Anhang

Wesentliche Informationen zur Überwinterung von Igeln

Wer im Spätherbst einen untergewichtigen – das heißt einen je nach Fundmonat weniger als 500 bis 700 Gramm schweren – oder kranken Igel findet, geht am besten sofort mit ihm zum Tierarzt und lässt ihn entwurmen. Wer die Mühe scheut, wendet sich an das Tierheim oder fragt den nächsten Tierarzt nach der Adresse einer Igelberatungsstelle oder einer Igelstation. Ist der Igel nur untergewichtig, sonst aber, von Parasiten abgesehen, weitgehend gesund, kann man ihn, sofern man die Möglichkeit hat, selbst bis zum Frühjahr betreuen.

Er wird mit Flohpuder oder -spray entfloht, eventuelle andere Parasiten werden vorsichtig mit der Pinzette entfernt. Anschließend setzt man den Igel in ein ausbruchssicheres Gehege von *mindestens* zwei Quadratmetern Größe. Ein Karton mit Öffnung dient als Häuschen, zerknülltes Zeitungspapier als Füllung. Das Gehege wird gegebenenfalls mit wärmedämmendem Material ausgelegt. Darüber kommt Papier, das man jeden Tag erneuern sollte.

Zu fressen bekommt der Pflegling vorwiegend Katzenfutter aus der Dose, dem man Igelfutter und ein Multivitamin-Mineralstoffpräparat für Hunde oder Katzen beimischt. Igel sind Fleischfresser und brauchen andere Vitamine und Spurenelemente als etwa ein Kanarienvogel oder ein Zwergkaninchen. Zur Abwechslung gibt man ihm gekochte Hühnerflügel, fett- und salzlos gebratenes Rinderhack und ebensolches Rührei. Manche Igel mögen auch Erdnüsse, Banane, Käse oder Katzenbrekkies. **Auf gar keinen Fall dürfen Igel**

Milch bekommen! Dafür muss immer frisches Wasser für sie bereitstehen. Bei sehr schwachen Igeln hat sich zunächst auch Babynahrung (ab dem vierten Monat) mit Hühnchen oder Kalb bewährt.

Der Igel muss jeden Tag gewogen werden. Nimmt er ab und hustet er oder hat er ein trockenes Näschen, ist irgendetwas nicht in Ordnung, und er muss zum Tierarzt. Am allerbesten ist es, gleich zu Anfang eine Kotprobe zum nächsten Veterinäramt zur Untersuchung zu schicken und das Ergebnis zum Tierarzt mitzunehmen.

Ein Igel, der gesund ist und bis zum April mindestens 700 Gramm wiegt, wird Anfang Mai wieder in die Freiheit entlassen. Falls es in der Nähe des Fundortes keine stark befahrene Straße gibt, sollte er dort wieder ausgewildert werden. Nach Möglichkeit stellt man noch eine Zeit lang Futter für ihn bereit. Wer einen Garten besitzt, hält den Pflegling am besten einige Wochen vor der Auswilderung in einem Freigehege, in dem auch sein Häuschen und sein Futternapf stehen.

Wer sich über die Igelpflege detaillierter und systematischer informieren möchte, sei auf das Igelbuch von Monika Neumeier verwiesen.

Danksagung

Wir bedanken uns bei unserer Schwester und Schwägerin Christine Uplegger, die uns ein für die Igelpflege wesentliches Buch schenkte, bei Familie Baumann, die uns den ersten Igel brachte, und bei unserer Nachbarin, Doris Ullmann, für ihre wachsame Sorge um die Igel. Der Umweltbeauftragten von Wiesenbach, Beate Friedetzki, danken wir dafür, dass sie auch ein Herz für Igel hat und uns nach Kräften unterstützt.

Unsere Mutter und Schwiegermutter Prof. Dr. Helga Venzlaff sowie Thomas Agit, Martin Bemmann, Dr. Ulrich Kronauer, Brigitte Reiss, Klaus Schröder, Dr. Wolfgang Zick, P. D. Dr. Claus-Peter Zoller und insbesondere Dr. Brigitte Dosch steuerten verschiedene Igeleien bei, und Prof. Dr. H. F. Moeller von der Zoologie Heidelberg informierte uns detailliert über das Alter der Igel. Monika Neumeier möchten wir für mehrere Hinweise und für ihre freundliche Hilfe sehr herzlich danken. Die ›Hör zu‹ versorgte uns bereitwillig mit Mecki-Material, und die Zeitschrift ›Die Pirsch‹ bewies uns anhand einiger Artikelkopien die heutige positive Einstellung der Jäger zu Igeln.

Wir bedanken uns auch von Herzen bei Anette Hübsch sowie Ralf und Gabriele Aulehla und Elisabeth Swoboda vom Stuttgarter Igelverein (den wir allen Igelfreunden wärmstens ans Herz legen möchten) für wiederholten Igelrat und Igelhilfe.

Schließlich sei Bettina Lemke für ihr ausgesprochen igelfreundliches Lektorat gedankt und Katharina Festner, die das Igelbuch überhaupt ermöglichte.

Ausgewählte Literatur

Anderson, W.: *Tschuwaschische Sagen vom Igel als Ratgeber,* in Zeitschrift des Vereins für Volkskunde, Bd. 24, Berlin 1914, S. 312–315.

Bächtold-Stäubli, H. (Hrsg.): *Handwörterbuch des deutschen Aberglaubens.* 9 Bde. Berlin 1927.

Bahr, E.: *Stadtigel Raschelbein.* Lindau 1996 (Pro Igel).

Bestajovsky, C.: *Igel in Pension.* Stuttgart 1975.

Brehm, A. E.: *Brehms Tierleben. Die Säugetiere,* Bd. 2. 3. Aufl., Leipzig und Wien 1890.

Buchholz, H. G.: *Echinos und Hystrix. Igel und Stachelschwein in Frühzeit und Antike,* in Berliner Jahrbuch für Vor- und Frühgeschichte, Bd. 5, Berlin 1965, S. 66–92.

Buffon, Graf von: *Naturgeschichte der vierfüßigen Tiere,* Bd. 5, Troppau 1771.

Christy, M.: *The ancient legend of the hedgehog carrying fruits upon its spines,* in Memoirs and Proceedings of the Manchester Literary & Philosophical Society (Manchester Memoirs), Bd. 63, 1920, S. 1–14 und Bd. 67, 1923, S. 31–44.

Dähnhardt, O.: *Natursagen. Eine Sammlung naturdeutender Sagen, Märchen, Fabeln und Legenden.* 4 Bde. Leipzig und Berlin 1907–1912.

Das Tier in der Antike, 400 Werke ägyptischer, griechischer, etruskischer und römischer Kunst aus privatem und öffentlichem Besitz. Zürich 1974.

Droste zu Hülshoff, V. v.: *Der Igel im alten Ägypten,* Hildesheimer Ägyptische Beiträge, Bd. 11, Hildesheim 1980.

Fallada, H.: *Der getreue Igel.* Berlin 1999.

Fischer-Nagel, A.: *Ein Igelwinter.* München 1996.

Gerhardt, Ch.: *Kröte und Igel in schwankhafter Literatur des späten Mittelalters,* in Medizin-historisches Journal, Bd. 16. 1981, S. 340–357.

Herter, K.: *Die Biologie der europäischen Igel.* Leipzig 1938.

–: *Igel.* Neue Brehm-Bücherei 71, Leipzig 1952.

Igel-Bulletin. Sonderband 10 Jahre Igel-Bulletin. Lindau 1999 (Pro Igel).

Inkiow, D.: *Der Igel im Spiegel.* München 1984.

Keller, O.: *Die antike Tierwelt,* 2 Bde. Leipzig 1909–1913.

Kruk, R.: *Hedgehogs and their chicks*, in Zeitschrift für Geschichte der Arabisch-Islamischen Wissenschaft, Bd. 2, 1985, S. 205–234.
Lohss, H.: *Große Freud' am kleinen Tier. Häusliche Erlebnisse mit allerlei Kriechzeug, mit Igeln und lustigen Vögeln*. München 1941.
Lybeck, S.: *Latte Igel*. München 2000.
Morris, P.: *Alles über Igel*. Rüschlikon-Zürich 1983.
Neumeier, M.: *Das Igel-Praxisbuch – Die richtige Pflege, Aufzucht und Unterbringung*. Mit Bildern von H. und N. Reinhard. Stuttgart 2001.
Pfletschinger, H.: *Der Igel Tobias*. Stuttgart 1965.
Plinius: *Naturkunde. Buch VIII, Zoologie: Landtiere*. Kempten 1976.
Poduschka, W. und Ch.: *Geliebtes Stacheltier. Verhalten und Aufzucht von Igeln*. Hannover o. J.
Potter, B.: *Peter Karnickel und andere Geschichten*. München 1994.
Prischwin, M.: *Tiergeschichten*. Berlin/Leipzig 1949.
Reeve, N., J. Sander u. A. Schwarze: *Igel*. Hohenwarsleben 2001.
Roheim, G.: *Zwei Gruppen von Igelsagen*, in Zeitschrift für Volkskunde, Bd. 23, 1913, S. 407–414.
– *Nachtrag zu den Igelsagen*, in Zeitschrift für Volkskunde, Bd. 24, 1914, S. 94.
Schenda, R.: *Who is who der Tiere, Märchen, Mythen und Geschichten*. München 1998.
Schicht-Tinbergen, M.: *Der Igel*. 2. Aufl. Jena 1989.
– *Der Igel-Patient*. Jena 1995.
Schmidt, H.: *Der Igel*. Minden 1989.
Schuhmacher, E.: *Schnurf die Igelin und andere ergötzliche Tiere*. München 1951.
Schwab, U.: *Das Tier in der Dichtung*. Heidelberg 1970.
Weilen, H.: *Kasimir der Igel*. Wien 1954.
Wolf, E. und U.: *Der Igel unser nützlicher Gartenfreund*. Hamburg 1994.

Bildnachweis: S. 21: aus Buffons ›Naturgeschichte der vierfüßigen Tiere‹; S. 25, 26, 27: Zeichnungen von Ludwig Richter (1803–1884); S. 70: Zeichnungen von Wilhelm Busch (1832–1908); S. 81: Illustration von Sara Ball, aus: Tilde Michels: Igel, komm ich nehm dich mit. S. 99: Illustration von Ruth Koser-Michaels, aus: Grimm: Die Märchen der Brüder Grimm.